同济大学经济与管理学院资助出版

同济经管
TONGJI SEM

上海节约集约式土地开发、土地市场与住房资产配置研究

陈芦 童林 李文颖 著

同济大学出版社
TONGJI UNIVERSITY PRESS

图书在版编目(CIP)数据

上海节约集约式土地开发、土地市场与住房资产配置研究 / 陈芦，童林，李文颖著. —上海：同济大学出版社，2019.1

ISBN 978-7-5608-8317-5

Ⅰ.①上… Ⅱ.①陈… ②童… ③李… Ⅲ.①城市土地—土地开发—研究—上海②城市土地—土地市场—研究—上海③房价—影响—家庭—金融资产—配置—研究—上海 Ⅳ.①F299.275.1②TS976.15

中国版本图书馆 CIP 数据核字(2018)第 300205 号

上海节约集约式土地开发、土地市场与住房资产配置研究

陈 芦 童 林 李文颖 著

出 品 人 华春荣 策 划 吕 炜 陆克丽霞 责任编辑 熊磊丽

责任校对 徐春莲 封面设计 陈益平

出版发行 同济大学出版社 www.tongjipress.com.cn

(地址:上海市四平路 1239 号 邮编：200092 电话:021-65985622)

经 销 全国各地新华书店、网络书店

排版制作 南京展望文化发展有限公司

印 刷 江苏凤凰数码印务有限公司

开 本 710 mm×1000 mm 1/16

印 张 12.25

字 数 245000

版 次 2019 年 1 月第 1 版 2019 年 1 月第 1 次印刷

书 号 ISBN 978-7-5608-8317-5

定 价 62.00 元

前言 | FOREWORD

世界范围内的环境问题甚至是环境危机已经为人们敲响了警钟，加快转变经济发展方式，科学开发生存和发展的空间，已经刻不容缓地摆在人们面前。党的十八大报告对优化国土空间开发格局的发展理念进行了深化和细化，以“人口资源环境相均衡、经济社会生态效益相统一”为原则，以“控制开发强度、调整空间结构”为手段，以“促进生产空间集约高效、生活空间宜居适度、生态空间山清水秀，给自然留下更多的修复空间，给农业留下更多的良田，给子孙后代留下天蓝、地绿、水净的美好家园”为目标。基于此，本书以上海为例，探讨了特大城市中土地开发、土地市场和住房等三个相互联系、相互影响的主题，为今后的研究提供借鉴。

上海桃浦科技智慧城是在政府大力支持下由上海临港集团负责主要开发的大型城市更新项目。项目所在区域为上海市老工业区，历经了“以医药和化工为主的工业时期，以治理三废污染为重点的环境综合整治时期，以提升产业能级和调整产业结构为目标的产业转型时期”三个发展阶段。区域内原产业以低端制造业、化工、物流为主，产能较低，土壤污染问题较严重。这种粗放型的发展方式已不适应上海市中心区功能定位，因此，必须要实现“脱胎换骨”的转变。陈芦从文献案例入手，研究了科技智慧城市、城市土地开发等方面最新研究成果，梳理了国内外经典案例，总结出值得借鉴的经验；从经济社会背景及土地利用存在的问题入手，进行了SWOT分析，提出应对战略对策；从区域形象定位开始，系统论证了项目区的产业定位；从土地使用规划、开发计划、生态规划等方面，基于实施角度进行了研究；最后对智慧城市规划展开了研究，提出了虚拟平台加智慧交通、平安城市、智慧楼宇、智慧教育、智慧环保及智慧能源六个模块的“1＋6”模式。本研究对桃浦地区发展建设成为数字、绿色、开放、创新的智慧城市，成为上海中心城区具有引领性的现代化城区，建成具有集聚和辐射力的科技智慧城，成为中国乃至全球科技智慧城区标杆的目标提供了有价值的建议。

近年来，家庭资产配置成为学术研究的热点，合理的家庭资产配置能促进家庭财富增值，降低家庭资产风险。目前，我国家庭过多持有住房资产，较少持有金融资产，其资产配置情况与理论最优值差距较大。住房资产和金融资产作为家庭资产最重要的两个部分，相互影响，对家庭资产配置意义重大。童林以上海市户籍居民为研究样本，选择多元线性回归模型、Tobit模型和Probit模型三类模型分别针对住房价格对家庭金融资产数额、家庭金融资产结构和金融市场参与情况进行探究。结果表明，住房价格对于金融资产数额、风险性金融资产的数额和风险性金融资产占比均有显著相关性。住房价格对于股票、基金、理财产品和保险市场的参与也有相关性。基于近年来我国住房价格快速上涨的情况，针对我国家庭资产配置提出了整顿调控住房市场、发展金融市场、完善社会保障体系和改善投资者心态等政策建议。

我国地方融资平台近年来发展迅速，数量激增，但举债规模过大，信用风险逐渐显现。且随着我国宏观经济增速下行压力的逐渐加大，尤其是土地市场的波动，对于融资平台信用风险的影响不容小觑。李文颖结合信用风险理论、压力测试理论等，针对土地市场波动对地方融资平台信用风险的影响进行了研究。通过对上海地方融资平台的信用风险进行研究，得出如下结论：影响融资平台违约概率的八个宏观因素中居民消费价格指数、银行贷款利率、固定资产投资总额与地方融资平台违约概率呈现正相关关系；国民生产总值、土地市场波动相关指标与地方融资平台违约概率呈现负相关关系；根据压力测试结果，总体来说在成交土地楼面均价与成交土地占地面积的冲击下，地方融资平台的违约概率均会明显上升,且住宅土地市场相较于商服土地市场,其波动对于地方融资平台信用风险的影响更显著。研究提出应建立健全融资平台信用风险的监测评估体系,严防土地市场降温对平台信用风险的冲击影响,并同时积极推动平台的融资渠道多样化。

目录
CONTENTS

前　言

第一篇　上海桃浦科技智慧城土地开发研究　陈　芦 / 1

一、绪论 / 3

（一）研究目的和意义 / 3

（二）研究思路与方法 / 4

（三）研究内容和框架 / 5

二、国内外相关研究综述及理论基础 / 6

（一）国内外相关研究综述 / 6

（二）相关理论基础 / 15

三、国内外相关案例研究 / 17

（一）德国鲁尔工业区 / 17

（二）挪威奥斯陆阿克布吉滨水区 / 20

（三）日本东京六本木 / 22

（四）国内相关案例研究 / 24

（五）小结 / 30

四、桃浦科技智慧城土地开发背景及 SWOT 分析 / 31

（一）项目土地开发背景及存在的问题 / 31

（二）项目土地开发 SWOT 分析 / 35

（三）项目土地开发战略对策 / 38

(四) 小结 / 38
五、桃浦科技智慧城产业定位及土地使用规划研究 / 39
(一) 项目区形象定位 / 39
(二) 项目区产业定位 / 40
(三) 项目土地使用规划 / 44
(四) 小结 / 48
六、桃浦科技智慧城土地开发计划及开发规划研究 / 48
(一) 项目土地开发计划 / 48
(二) 项目开发规划研究 / 55
(三) 项目智慧城市规划研究 / 63
(四) 小结 / 70
七、结论与展望 / 70
(一) 结论 / 70
(二) 展望 / 71
参考文献 / 71

第二篇　住房价格对家庭金融资产配置影响的研究　童　林 / 75
一、绪论 / 77
(一) 研究背景 / 77
(二) 研究目的与意义 / 78
(三) 研究思路与研究方法 / 79
(四) 研究内容和框架 / 80
(五) 概念界定 / 81
(六) 研究的创新点 / 82
二、文献综述和理论基础 / 83
(一) 国外文献综述 / 83
(二) 国内文献综述 / 84
(三) 对相关研究的评述 / 86

（四）理论基础及分析模型 / 87
（五）模型变量选择 / 89
三、我国家庭金融资产配置现状 / 90
（一）我国家庭资产结构分析 / 90
（二）我国家庭金融资产现状及变化趋势 / 91
（三）住房资产对家庭金融资产配置的影响 / 92
（四）小结 / 94
四、实证研究 / 94
（一）研究区域与数据 / 94
（二）住房价格对家庭金融资产数额的影响 / 101
（三）住房价格对家庭金融资产结构的影响 / 104
（四）住房价格对家庭金融市场参与的影响 / 107
（五）小结 / 111
五、动态分析及政策建议 / 112
（一）敏感性分析 / 112
（二）周期性分析 / 114
（三）相关政策建议 / 115
（四）小结 / 116
六、结论与展望 / 116
（一）结论 / 116
（二）研究的不足之处 / 118
（三）研究展望 / 118
参考文献 / 119
附录 上海市户籍居民家庭资产配置情况调查问卷 / 122

第三篇 基于 CPV 模型的土地市场波动对地方融资平台信用风险压力研究
李文颖 / 127
一、绪论 / 129

（一）研究背景 / 129
（二）研究目的和意义 / 130
（三）研究内容和技术路线 / 131
（四）研究方法 / 133
二、研究现状及理论基础 / 133
（一）研究现状及评述 / 133
（二）理论基础 / 137
三、地方融资平台信用风险的宏观影响因素及其传导机理分析 / 142
（一）融资平台概况 / 142
（二）融资平台信用风险概述 / 143
（三）融资平台信用风险的宏观影响因素分析 / 146
（四）土地市场波动对融资平台信用风险的传导机理 / 148
四、地方融资平台信用风险及土地压力测试模型构建 / 151
（一）融资平台信用风险传导模型构建 / 151
（二）土地市场波动对融资平台信用风险的压力测试模型构建 / 156
五、上海地方融资平台信用风险压力测试的实证研究 / 157
（一）上海地方融资平台信用风险传导模型运算 / 158
（二）土地市场波动对上海地方融资平台信用风险的压力测试 / 167
六、结论与展望 / 173
（一）主要结论 / 173
（二）不足与展望 / 175
参考文献 / 176
附录 / 180
3A 上海地方融资平台违约概率计算结果 / 180
3B MATLAB程序 / 183

第一篇

上海桃浦科技智慧城
土地开发研究

陈　芦

一、绪论

（一）研究目的和意义

上海桃浦科技智慧城是在上海市人民政府的大力支持和普陀区人民政府的鼎力推动下，由上海临港集团负责主要开发的大型城市更新项目。项目所在区域为上海市老工业区，历经“以医药和化工为主的工业时期，以治理三废污染为重点的环境综合整治时期，以提升产业能级和调整产业结构为目标的产业转型时期”三个发展阶段。项目区内现状产业多以低端制造业、化工、物流为主，产能较低，土壤污染问题较严重。种种现象导致区域总体形象不佳，与桃浦生产性服务区功能定位也尚有较大差距。粗放型的发展方式已不适应上海市中心城区功能定位，因此，必须实现“脱胎换骨”的转变。在上海中心城区总体产业布局战略规划下，项目区面向上海未来发展的重大调整时机已经成熟，必须抓紧机遇，区域再造刻不容缓。

1. 研究目的

本文研究目的主要在于解决桃浦科技智慧城土地开发过程中面临的开发策略、开发定位及开发实施问题。研究主要目的细分为：

(1) 通过对 TOD 理论和智慧地球理论的研究，为项目区土地开发提供理论基础。

(2) 通过对德国鲁尔工业区、挪威奥斯陆、日本东京六本木等国外经典开发案例进行研究，为项目区土地开发提供国外先进经验的实践指导。通过对苏州工业园区、深圳前海、上海前滩、上海虹桥、上海浦东张江、上海漕河泾等国内和上海市经典园区开发建设中经验教训的梳理和总结，为项目区土地开发提出指导建议，避免重走国内开发区走过的弯路。

(3) 通过 SWOT 分析，结合相关理论和案例经验，对项目区土地开发过程中涉及的土地开发策略、土地开发定位进行研究，解决土地开发实施过程中涉及的开发计划、招商政策、开发规划等问题。

(4) 从智慧城市规划角度，对项目区的土地开发实施进行研究。

2. 研究意义

在我国经济迅猛发展、城市发展日新月异的背景下，在上海市存在大量老工业区、中心城区土地严重不足的情况下，对项目区土地开发进行研究具有重要的理论意义和实际应用价值。

(1) 理论意义：纵观我国新开发区域或城市更新区域相关研究发现，大多数研究主题侧重某一专题或具体案例的分析，对土地开发成体系的综合性研究相对缺乏。因此，综合分析国内外相关开发案例，形成经验体系，以桃浦地区的老工业区土地开发进行研究，对我国大型城市老工业区改造研究具有一定的理论意义。

(2) 实际应用价值：项目区前身为始建于1954年的“桃浦化工区”，至20世纪80年代，桃浦工业区已成为初具规模的化工工业区，但由于长期以粗放型方式发展造成“三废污染”严重，成了上海市十大重污染地区之一。自20世纪80年代末开始，桃浦地区历经了两次转型，但均未系统化地落实。2012年3月，时任上海市市长的韩正同志就桃浦转型做出了重要指示，提出了新的要求。因此，对项目区的土地开发研究，对桃浦地区高起点、高水平的转型发展，进行脱胎换骨式的调整，具有一定实际应用价值。

(二) 研究思路与方法

1. 研究思路

本文的研究思路是对国内外与本研究主题接近的文献展开研究。国内文献进一步细分为城市土地开发研究、城市更新研究、城市开发区案例研究三个研究方向，国外文献则聚焦具有城市老工业区更新相关方面的文献；然后对德国鲁尔工业区、挪威奥斯陆等国外经典开发案例进行较为深入的研究，对国内相关城市开发区的案例进行纵览式研究，为项目区土地开发提供实践指导；最后结合相关理论和案例研究，对项目区土地开发过程中涉及的土地开发对策、土地开发定位、土地开发实施进行成系统的研究，以避免研究主题过于单一，从而确保研究的可实施性。

2. 研究方法

为了获得较好的研究成果，本研究采用的研究方法如下。

1) 案例研究法

对德国鲁尔工业区、挪威奥斯陆阿克布吉滨水区、日本东京六本木等国外经典开发案例进行研究，为项目区土地开发提供实践指导；对苏州工业园区、深圳前海、上海前滩、上海虹桥、上海浦东张江、上海漕河泾等国内和上海市园区开发建设中的经验教训进行梳理和总结，为项目区土地开发提出指导建议。

2）文献研究法

文献研究是本文的重点方法，通过对相关文献进行分析、综述，掌握国际前沿研究动态和国内研究现状。在梳理历史文献的基础上，发现本研究的核心方法和角度，为本文提供方法论支撑和理论基础。

3）系统分析法

结合相关理论和案例研究，对项目区土地开发过程中涉及的土地开发策略、土地开发定位、土地开发实施进行系统的研究，避免研究主题过于单一，确保研究成果的可实施性。

（三）研究内容和框架

1. 研究内容

本文首先阐述理论基础；然后通过国内外开发区土地开发案例研究形成经验体系；接着根据前文的理论与实践的分析，建立项目区包含开发策略、开发定位及开发实施在内的土地开发体系。具体而言，本文主要研究内容由以下几部分构成：

一是绪论，重点介绍研究目的和意义、研究思路与方法、研究内容和框架。

二是国内外相关研究综述及理论基础，对国外研究文献和现状进行了梳理，并阐述了所涉及的TOD理论和智慧地球理论。

三是国内外相关案例研究，通过对德国鲁尔工业区、挪威奥斯陆阿克布吉滨水区、日本东京六本木以及国内相关案例进行研究，分析案例中的成败得失，为项目区开发提供经验指导。

四是桃浦科技智慧城土地开发背景及SWOT分析，在分析项目区经济社会背景、产业发展背景的基础上进行SWOT分析，进而形成土地开发战略对策。

五是桃浦科技智慧城土地开发定位及土地使用规划研究，首先进行项目区域形象与产业定位，在此基础上进行土地使用规划。

六是桃浦科技智慧城土地开发计划及开发规划研究，首先是项目开发实施步骤及计划；其次从交通、生态及智慧城市入手对城市规划进行研究。

七是结论与展望，进行全文归纳，陈述核心观点，提出研究中的不足之处和后续研究的方向。

2. 研究框架

根据研究设定的目标，本文的研究思路如图 1－1 所示。

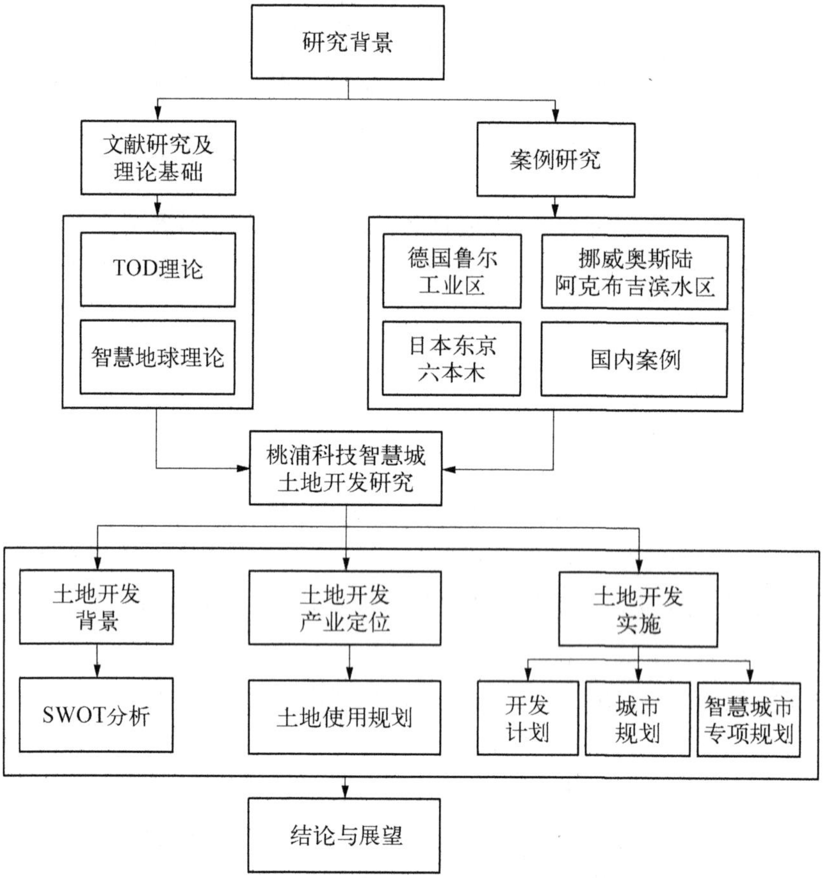

图 1－1　研究的基本思路

二、国内外相关研究综述及理论基础

（一）国内外相关研究综述

1. 国内相关研究综述

目前，国内大多数研究主题侧重某一专题或具体案例的分析，对土地开发成体系的综合性研究相对缺乏。相关研究主题以科技智慧城市、城市土地开发研究、城市更新研究、城市开发区案例研究为主，以下从这四个方面对国内相关研究现状进行梳理。

1）科技智慧城市研究

目前科技智慧城市方面的研究主要集中在无线技术、智能电网等技术层面以及城市规划及智慧城市运营风险的方面，相对停留在理论及技术层面，实践层面的研究较少。

黄书强等(2014)认为，经过无线网络、物联网、移动通信和各种传感器的协同信息处理，同时，借助类似大数据、云计算等先进技术手段去统筹、集中资源和信息，从而更深层次地去协同人、产业以及城市，这是智慧城市的核心要点。

高志远等(2015)在系统化梳理智慧城市体系架构的基础上，分析了智能电网和智慧城市相互之间的促进和制约作用，并对二者间的协调和支撑作用做了定量分析，认为智能电网与智慧城市相辅相成，它是构建智慧城市的基础之一。智能电网中各环节的技术和应用对智慧城市建设的支撑作用依据其密切程度呈现层次化分布的特点。

张振刚、张小娟(2014)针对智慧城市建设规划中存在的主要问题，提出以下几点建议：① 中国绝大多数的智慧城市发展理念比较相近，千城一面的弊端在于抑制个性，形成混乱的局面。在制定智慧城市整体建设方向时需要遵循一套正确的、理性的方法论，锁定发展智慧型城市的大致方针、期望，明确想要达成的目的，固化相应的定位，树立正确的价值观，系统梳理各项重要任务，并在完善科学的大框架下完成智慧城市的发展；② 必须高度警惕智慧城市的生态规划，一座城市的形成，与人的改造和利用息息相关，其严格意义上是一种人工化的系统，因此相对于大自然，它更加敏感、割裂，同时在单位时间内拥有极高的物质交换量；③ 智慧城市更应该顺应城市大规划体系，从长远的角度优化布局各类建设，疏导城市不利因素，同时，科学落实各项生产要素，提高人民生活品质。

胡丽、陈友福(2013)基于阶段分析法，具体分析了智慧城市建设在规划设计阶段、开发建设阶段以及运营维护阶段所面临的不同风险因素和风险事件。其中，规划设计阶段主要包括信任和需求不足、目标可行性、战略趋同性和规划可持续性等风险因素；开发建设阶段的风险包括技术、人员、经济、管理和社会环境等核心要素投入不足；开发建设进入运营阶段时，还存在另外两大风险，首先是各类分系统的稳定性风险，其次是通过开发产生的额外附加城市风险，比如，可持续发展、政治经济等。为有效应对智慧城市建设不同阶段的风险，首先需要明确智慧城市建设需求和目标，进行科学规划；其次需要保证充足的要素投入，进行科学管理；最后需要保障信息系统安全，全面推进智慧城市社会建设。

史璐(2013)从智慧地球的概念开始，系统地论述了理论基础的概念和特点，分析了城市的智慧内涵，描述了城市商业结构和特定功能，展现了在城市在智慧城市建设中的前瞻性意义的发展，最后讨论了建设智慧城市应注意的问题和针对性的解决措施。

2) 城市土地开发研究

目前，城市土地开发研究主要集中在开发强度、生态环境、交通路网、时空特征、治理结构等方面。这些研究主题均是城市土地开发的重要方面，对项目区的土地收储策略、开发机制、开发强度规划、生态规划、交通规划等方面均有重要参考意义。

吕雄鹰(2014)从交通路网与土地开发强度入手，详细讨论了在交通密度受到制约的情况下，以何种强度开发土地，通过时空消耗法辅以相关参考例子进行研究。他认为在确定控制性详细规划之前，应该通过路网密度来限定土地利用的强度，同时提出以下几点建议：① 城市的路网体系应该配合相应的城市空间规划；② 在有限的交通设施容量下，土地开发强度应与交通容量相适应；③ 一个城市如何定位自身的路网系统应该和城市的功能规划相匹配，如果某个区位需求更高的交通便利度，就需要建立 TOD 等模式来提高交通复合程度和成熟度，完善更多种类的公共交通。

谷一桢、郑思齐(2010)以周边居住商品房为数据，对北京地铁 13 号线进行了实证研究，结果验证了基于市场效应的理论预期。研究表明 13 号线在开通后站点周边一公里范围内的住宅价格要上涨了近 20%，两年后对住宅价格的影响不再显著。

赵亚莉、刘友兆(2013)将我国 222 个地级市的建设用地土地面积作为研究对象，研究了土地开发强度比总面积指数，利用泰尔指数，研究了 1997—2009 年土地开发强度和计量模型。研究结果显示，经济增长、产业结构与城市土地开发强度呈正相关关系，不同区域、不同尺度的城市土地开发强度因子存在明显差异。研究认为，应采取差异化管理和控制战略，促进增长方式转变，妥善推进城市化和城市产业结构，保持城市土地开发强度的合理水平。

赵亚莉等(2014)从理论和经验两个层面分析城市土地开发强度变化的生态环境效应，并以省会城市为例，论证了生态环境效应的整体特征、区域分异性和阶段性。研究表明：① 城市土地开发强度变化带来明显的生态环境效应，水、电的用量以及污物外放的值与土地开发强度呈正相关关系，自然环境对于人的价值与土地开发强度呈负相关关系；② 城市土地开发强度产生的生态环境效应具有区域分异性与阶段性；③ 严格限制不合理的高强度城市开发，控制不合理的城市扩大，引导低强度的城市土地利用和规划，合理安排绿地、湿地和水域等用地比例，提高生态资源的利用效率，是未来我国城市土地开发可持续发展的必由之路。

吴娟(2013)选取近30年上海的城市发展空间与数据资料作为研究基础，通过遥感、地理信息系统等技术手段，对上海郊区空间演变情况进行分析，从空间、用地结构、开发项目类型三个方面对上海城市郊区开发特征进行了总结，认为上海城市郊区发展体现出了明显的空间与用地特征。研究还指出上海城市边缘区增长迅速，在近年来体现出了轴向发展的空间特征，在用地结构方面，以工业用地、居住用地和公共服务设施用地增长最为迅速，结合城市交通系统布局规划，可以体现出不同项目类型的交通方式特征。

徐伟、汤庆园(2014)梳理了中国和国外城市管理土地的方式，发现中国在管控土地的方式上具有明显的特征，提出了四个重要的观点：① 国与民争利明显；② 容易成为腐败滋生的温床；③ 与联合国的评价标准差距较大；④ 诱使群体性事件屡次发生。他们还为我国城市土地管理提出了相关建议：发展土地开发权转让制度、健全土地开发的参与制度、增加土地开发的透明度。

3）城市更新研究

随着我国城市化进程过半，大型城市的土地资源越来越稀缺，城市更新成为近年来研究的热门课题，涉及传统工业区改造、历史建筑改造、产业调整、产城融合等诸多议题。由于项目区主要为传统工业区，因此本文以上海市相关工业区更新改造为主，对相关文献进行了筛选。

庄少勤(2015)研究指出，城市更新已成为上海城市发展的主要方式，上海市应该研究再“逆城市化”下不断“有机更新”的新方式，不断使上海市的竞争力、宜居性、人们的生活质量得到提升。研究提到了几个核心建议：① 注重人本化，积极引入大众参与，通过人的更新成长来推动城市更新；② 注重社会化，让城市中的专业人士、普通群众、市场介入进来，共同进行共享城市的研究；③ 注重信息化，让信息网络能够更好地服务城市，促进社会共同治理，顺应智慧城市的核心特质；④ 注重法治化，通过更深入的社会实践，在合适的时间通过人大会议修改上海相应的规划条例。

杨帆等(2015)的研究指出，上海未来城市发展空间资源潜力可从以下几个方面考虑：① 重新定义城市更新的标准，不仅仅要对核心城域进行开发，还需要从更加可持续的角度系统梳理城乡发展；② 从一个地区的现有存量土地结构可以窥探该区位的土地价值潜力；③ 限制工业用地的规模，工业用地的空间布局更要优化；④ 着力拉升土地利用的复合程度，对于土地利用的强度必须要有相应的上限和底线，并从多个角度、多个维度系统地综合评价项目，不可一味追求经济指标；⑤ 完善和保证人民群众加入城市更新体制的渠道、权利，使城市更加的多元，丰富城市的内涵和活力；⑥ 城市更新和转型优化应当统筹兼顾，要有全局观和长远设想。

黄琪、亢智毅(2014)以英国利物浦、曼彻斯特、谢菲尔德等城市的工业遗产保护与再利用为例，从工业遗产价值认知的社会基础、法规的引导与控制、新兴创意产业载体等方面，探讨了英国将工业遗产的保护和再利用有机融入城市的更新进程，同时分析了上海在这些方面存在的不足。

黄静、王诤诤(2015)在对美国城市更新政策及其背景进行系统梳理的基础上，归纳总结了美国城市更新合作伙伴关系(PPPs)模式的特点和经验，结合上海市当前旧区改造模式的局限性及未来旧区改造发展理念的需求，探索了上海市旧区改造的金融模式创新，以缓解政府融资压力，引领旧区改造向更加注重社区参与，更加多元化和综合化的方向发展。

张尚武等(2016)的研究表明，杨浦区既是大学城区也是传统的老工业区，早在10多年前即确立了以校区、园区、社区"三区联动"建设"知识创新区"的发展目标，但老工业区转型过程始终存在差距。研究其围绕对知识创新区特质和形成机制的认识，提出"三区联动"的关键是从形式向内涵转换，聚焦创新主体，激活创新资源，提升城区人文内涵，通过空间结构体系重组等策略推动杨浦向知识创新区的转型。

宗轩、肖韡(2012)结合上海红坊国际文化艺术社(前身上钢十厂冷轧带钢厂房)、上海田子坊及上海八号桥时尚创作中心(原上海汽车制动器厂)三个项目，从项目室外公共空间的设计策略、室内外过渡灰空间的处理、建筑单体的改造、更新中的功能定位等角度进行了研究。研究指出对于场所最为重要的影响因素之一是全新的功能定位，它能直接影响人流量和人流结构；而开放性的公共活动空间则会改变人与人之间交流的习惯、丰富群众的业余生活，从而使社区更加具有活力；另外建筑的外立面影响着整个地段的空间环境，给人的感受，是人们接触和感知社区的首要方式。而为了让社区焕发更强的生命力，需要综合以上各影响因子，对不同的工业留存建筑进行更新改造。

陶希东(2016)研究了香港城市更新的历程，总结出五个方面的经验：依法设置独立机构，为统一开展城市更新提供组织保障；不断修订完善“市区重建策略”，对城市更新做出顶层设计；践行公平补偿和公众参与，确保城市更新有序和谐；采取多元化的城市更新模式和方法，提高城市更新的效率和效益；采取主辅有别、分工合作的跨部门协同工作策略。据此提出了对内地特大型城市更新的启示：① 全面客观地认识城市更新的基本内涵，树立城市更新发展理念；② 坚持以人为本、可持续发展的城市更新原则；③ 强化立法工作，为城市更新提供有力的制度保障；④ 建立健全城市更新的公众参与新机制；⑤ 尽量使用以社区为单元的小规模更新改造策略。

4）城市开发区案例研究

城市开发区案例研究文献较为丰富，从研究方法到研究内容均为本文的写作提供了较为丰富的参考。结合项目区的实际情况，本文以上海地区主要开发区为主线，从产业发展、产城融合、土地运作模式、开发战略、城市设计、园区规划等不同角度进行了文献研究。

唐晓宏（2014）以上海金桥经济技术开发区为案例，对金桥开发区与周边区域的融合发展情况进行了评价，分析了其在转型升级和带动区域更新发展方面的成功经验，并提出促进我国大城市开发区和周边区域融合发展的建议：① 优化城市空间规划布局，改变开发区原有的低密度扩张和粗放式发展的模式，精明利用城市空间；② 加快产业结构升级，探索建立集约高效的用地管理模式，形成产业链要素资源集聚、产业特色明显、综合配套能力完备的产业集群态势；③ 统筹完善城市功能配套，加快提升产业园区及周边的商业商务服务功能；④ 创新统筹协调机制。

张源（2013）针对深圳前海规划发展目标，从分析各类开发建设主体的视角入手，剖析了现有的土地运作模式和开发方式，通过开发预控机制、多模土地开发、整体单元开发、适度土地租赁、优惠后置和全过程管理等六大组件的设置，提出了构建非出让模式为主的保障前海整体建设和持续运营的土地开发运营管理模式，并从实际操作的角度，提出“三阶段、十六流程”的操作蓝本，传统以土地财政为核心的土地开发模式提供了新的思路。

朱炜钦（2014）以杭州市余杭区工业园区为例，综合了工业园的位置、大小规模等影响因子，从城市化和产业化两个角度，把生产与非生产功能以及综合功能作为整个工业园的定位，从而明确了城市更新、产城融合、产业集群这几种城市发展战略，同时详细制定了后两者的再开发策略，以优化环境的质量，促进产业的转型、补全工业园功能、改善空间的结构。系统地帮助工业园形成一套再更新方法论。

程里(2011)以上海市漕河泾开发区为例,通过访谈等研究方法,结合战略管理理论,运用 PEST 分析法从政治、经济、社会、技术四个方面分析漕河泾开发区所处的宏观环境,从研究方案及研究内容方面为本文的写作提供了指导。

彭芳乐等(2013)以上海市虹桥商务核心区一期为例,对城市 CBD 地下空间开发进行了研究,梳理了城市商务核心区在规划和设计地下空间时遇到的相应难点和问题,列举了中国商务核心区地下的建设和发展特点,从而研究城市核心区地下空间发展的控制指标、要点和方法,建立基于控规的地下空间指标体系架构,并应用于虹桥 CBD 区域的控制性详细规划,也为虹桥项目二期建设和中国其他大型、中型城市的商务核心区地下建设总结了报规的经验。

谢添等(2016)以上海市临港地区为案例,对海绵城市的建设进行了解读,分析了当前上海海绵城市的开发需求形势,认为现代城市需积极将雨水回收等方法与水系维护、资源利用、防洪排涝、道路竖向、绿地系统及住宅小区建设等相关规划紧密结合,规划方案需因地制宜,兼顾经济、环境及社会效益,用科学规划指导城市健康、可持续发展。

罗翔(2012)以上海张江高科技园区为例,针对项目实现最终结果,给出了研究成果和建议: ① 前期合理的规划指引,使整个园区的产业结构实现良性发展,高新产业渐渐占据主要地位;② 创新功能在园区逐渐形成,企业的研发创新属性进一步提高,园区产业的生态结构更加合理;③ 土地的综合集约利用是高科技产业园区重要的规划思路;④ 大量的实践证明,高新技术园区强调产业的"大规划、小开发",遵循这条理念能够发挥园区规划的优势,进而引导成功模式。

陈阳(2008)以上海市陆家嘴地区为例,通过对城市设计实施的全过程,从社会实践的角度揭示了中心区城市设计的机制和作用,指出在城市公共空间中涉及的微观的设计,如步行交通等,在与商业大厦等公共空间的连接上出现了问题。而政府作用的缺失是另一重要问题,表现为政府出于形象及招商需要使得城市设计得不到彻底落实。

2. 国外相关研究综述

国外与本文相关的研究涉及的范围较为广泛,涵盖城市设计及政治经济各个方面。由于上海市桃浦地区土地开发具有鲜明的城市老工业区更新特征,因此本文侧重梳理研究了相关文献。

Carley M 和 Kirk K(1998)在《可持续到 2020——英国城市更新的战略方法》一书中,分析了城市经济结构调整与全球化背景下变换关系,从历史发展和经济结构的战略层面揭示了老工业区城市的应对策略。强调了可持续发展理念，包括自然环境、人文生态和社会正义；从城市土地利用背景中的老工业城市的闲置土地和废弃地进行分析，探讨深层原因及对策。

Beauregard R A.(2005)在《房地产市场的结构——纽约商业区的住宅与办公用途的转变》一文中，对第二次世界大战以来美国数个城市的房地产结构进行了研究，发现在过去10～15年间，以中产阶级为核心市的住区，不同业态的融合趋势越来越明显，办公室、住宅、零售、娱乐之间的功能相互依赖度越来越高，这种趋势对改善城市环境促进城区可持续发展有着积极的影响。在此基础上，Beauregard以“纽约曼哈顿下城振兴计划”(New York City's lower Manhattan revitalisation plan)为例，从房地产市场“厚度”(业态丰富度)角度，探讨了实现这种传统住宅区转型为有“厚度”城区的障碍，提出了需要结合房地产投资的社会属性、制度特点，采取合适的路径，如对住宅转换为办公进行补贴等措施。其研究的核心思想是在中心城区应避免单一的功能，需促进各种功能进行融合，与我国目前所倡导的“产城融合”不谋而合，有利于城区的可持续发展。同时，对产业相关的写字楼进行补贴，也是值得我们借鉴的另一个方面。

Sood S C等(2006)在《亚太地区的城市更新——对悉尼和吉隆坡“智慧港”建设的比较分析》一文中，研究了“智慧港”(Brainports)这一概念及其在东南亚地区的应用。表面上“智慧港”的概念是物理硬件与虚拟信息相结合的基础结构，但研究的一个关键发现是“智慧港”能方便人才在全球的流动，在全球性、创造性的基础结构中发挥重要的作用。文章以悉尼和吉隆坡这两个城市为例，这是两个同处亚太地区却采用不同的城市更新路径的城市，澳大利亚的悉尼正经历着从传统港口城市向“智慧港”转变的过程，而马来西亚的吉隆坡并没有传统船舶港口城市的特征，它建立了一个“多媒体超级走廊”，即建成一个智力城市或所谓智慧港。作者分析了智慧港的属性，并通过这一框架来审视东南亚或全球其他城市是否称得上“智慧港”这一称谓。

智慧港或所谓智慧城是目前我国许多开发区追逐的热门概念，然而往往效果不佳，最后沦为一个说辞。据Sood S C的研究，从软硬件结合，人才的跨区流动，智慧港的评价体系等不同角度进行了论述，对项目区的开发定位具有一定参考意义。

Couch C(2003)在《欧洲城市更新》一书中，联合英国、法国、德国、意大利、荷兰、比利时等多国学者，以八个经典城市为案例，经过研究认为，老工业城市的衰败是欧洲诸多国家面临的迫切问题，而影响城市更新的因素主要包括城市位置、经济、土地和现状建筑等。从城市更新方法上来说，新兴的服务业是这些城市复兴的希望和基石；国家和地方的制度和财政状况，在管理、行政和金融等几方面对城市更新产生影响，是城市更新的保障机制。目前欧洲城市更新的管理机制主要是国家政府干预、区域政府参与、专业的代理机构主导等三种方式。城市和国家的金融结构决定了对城市更新计划的投资方式和投资力度，目前主要是国家公共基金、共有基金(非国有的)、商业金融基金(主要是私人部门)等三大部分。欧洲城市更新所面临的新问题主要是经济全球化、新型工业化、新联盟与合作、可持续发展等问题，这些新的问题正逐渐突显并且在全欧的城市更新计划中日益成为中心问题。

《欧洲城市更新》这本书融合了欧洲各个主要国家在城市更新过程中所出现的各种类型的问题，那些共性问题及解决办法，比如可持续发展、金融方式、产业更新等均对本文项目区的开发具有重要参考意义。

McGahey Richard M(2008)全面介绍了美国老工业城市经济振兴策略，论述了在全球化背景下美国老工业区域与城市发展的概况，重点从各州的角度阐述对策，认为人才、市场和商业协会是老工业经济振兴的关键。作者采用指标因子的方法，以经济统计数据为基础对美国 302 个主要的中心城市进行回归计算，确定了其中 65 个为经济低迷城市，随后从经济发展配套设施、人才战略、融资、经济发展实施者等几个方面提出老工业城市振兴的对策。

3. 相关研究评述

国内大多数研究主题侧重某一专题或具体案例的分析，对土地开发成体系的综合性研究相对缺乏，相关研究主题则以城市土地开发研究、城市更新研究、城市开发区案例研究为主。结合上述文献汇总评述如下：

(1) 在科技智慧城市研究方面，国内的研究动态主要集中在网络及电力等科技基础设施研究方面，此外，理论方面的研究还包括规划体系的建立以及智慧城市设计、运营风险等方面。尽管实践研究相对缺乏，但目前理论研究对项目区的规划、城市设计等方面提供了重要参考。

(2) 在城市土地开发研究方面，国内研究动态主要集中在开发强度、生态环境、交通路网、时空特征、治理结构等方面。具体而言：① 城市交通路网与开发强度呈现相互影响、互为因果的关系，而通过 BRT、地铁或轻轨等交通设施构建 TOD 开发模式是未来城市更新的一个重要趋势；② 土地开发强度需与城市化水平、产业结构及经济水平相匹配，因此促进转变经济增长方式，合理推动城市化和城市产业布局非常重要；③ 重视生态环境改善，确保城市更新可持续发展是未来我国城市更新的必由之路，需要控制污染物排放水平，合理安排绿地、湿地和水域等用地比例；④ 为避免或减少出现与民争利、腐败滋生的现象，需高度重视治理结构，需发展土地开发权转让制度、健全土地开发的参与制度、增加土地开发的透明度。

(3) 在城市更新研究方面，国内研究的较为充分，涉及传统工业区改造、历史建筑改造、产业调整、产城融合等诸多议题，与本文研究项目区特征相匹配的研究动态有：① 注重人本化，城市更新大众参与，注重法制化，强调制度法规建设的重要性；② 产城融合，业态丰富，避免采用单一的形态占主导，控制工业用地总量，促进空间多样化和城市活力；③ 融资模式创新探索，可尝试 PPP 等开发模式；④ 产业更新与城市更新相匹配，通过空间结构体系重组等策略，构建新的产业框架，如向知识创新区、智慧城区等方向转型；⑤ 城市规划、建筑规划需立足长远，确保可持续发展。

(4) 城市开发区案例研究方面，国内研究以科研院校的学位论文为主，大多在上述土地开发及城市更新理论的基础上，沿某一专题进行了较为深入的研究。研究方法及研究内容具有重要参考意义，概括而言：① 产城融合，不能过分强调单一的产或城，上海金桥开发区在这方面的反思经验较为重要；② 杭州市余杭区工业园区则在空间结构优化方面提供了宝贵的经验；③ 上海虹桥商务核心区一期的地下空间开发为项目区的规划建设积累了一定的经验；④ 上海临港地区对海绵城市建设的解读也具有一定的参考意义；⑤ 上海陆家嘴区 CBD 商务区及张江科技园区，则在城市设计反思及创新产业发展方面提供了宝贵经验。

国外特别是欧美发达国家，由于城市化进程相比于我国较早，相关研究较我国经历了更为复杂的演变，而研究涉及的范围也较为广泛，包括城市规划、城市经济学、社会学等多个领域。综合而言，与本文项目区开发相关的主要为老工业区的城市更新，国外研究主要经历了形体规划思想、人本思想和可持续发展思想这三个阶段，更新方式也从早前大拆大建式的粗放式更新转变至目前以人为本的渐进式更新，更加注重城市更新后的可持续发展，更加注重生态环境、产业调整以及土地更新机制方面的研究。

（二）相关理论基础

1. TOD 理论

TOD(Transit-Oriented Development)公共交通是一种基于复合交通的土地开发模式，其发展基础是土地开发和城市交通的综合互利，借助地铁线路、

BRT 快速公交、轻轨电车等公共交通，引导城市空间合理、有序的开发利用，从而形成紧凑的城市空间布局，复合的建筑功能规划以及人性化的城市公共形态(吴放，2014)。在 20 世纪末城市规划学领域中，TOD 理论占据了重要的一席之地，彼得·卡尔索普(Peter Calthorpe)在《下一个美国都市：生态、社区和美国梦》(1993)中第一次提出了 TOD 概念，并进行了系统的论述。

TOD 雏形源于美国，20 世纪初美国城市逐步开始形成公共交通，城市开始沿着公共交通线路向外呈“星形”扩张。然而，随着私家车越来越多，城市呈现出蔓延式的发展，产生了越来越严重的交通拥堵问题，此外，对私家车的严重依赖则产生了污染问题，核心的解决方案是大力发展轨道交通，而不是道路建设，这是 TOD 理论兴起的重要背景。

美国 TOD 研究中心(2007)的报告指出 TOD 的核心目标主要为：让城市中的居民能够通过步行、单车、公交等方式到达该区位，从而增强区位交通便利度。另外，减少居民对汽车的依赖程度，提高公共交通利用率，丰富区位的建筑功能属性(诸如，居住、工作、消费、游乐等)，从而满足公共和私人的需求，创造一个新的社区场所体验。

TOD 的分级逻辑自大到小可以分为三类尺度，分别是区域、廊道和街区(姜冬冬，2015)。其中，区域尺度是指在一定范围内包含的数条交通廊道形成的网络化体系，其链接了多个城市核心区域，形成一个承载力较大的交通复合系统，并综合了大量的其他功能属性；廊道尺度中多样的公共交通模式在交通走廊中将会相辅相成，靠近公共交通站点的位置会加强公共属性，从而使该地区更加便捷，发展更加迅速；在第三类街区尺度中，自行车的使用成为常态，并且能十分方便地接入一英里(1 609.344 米)范围内的混合公共交通。在此类尺度上，需要在规划时重点考虑现有社区空间，可以利用提高开发强度，增加业态丰富度，完善街道的便捷度，来促进大量使用公共交通的模式进一步发展。

2. 智慧地球理论

2008 年 11 月 IBM 在纽约进行了《智慧地球》的报告，提出了“智慧地球”的概念。而第二年在北京，IBM 再一次提出了智慧地球的概念，以“点亮智慧的地球，建设智慧的中国”为主题，再次引起了各方对这一创新概念的兴趣和关注。

IBM 的《智慧地球赢在中国》计划书对“智慧地球”的定位为：“在信息化技术的支撑下，建立的新世界的运行模式”，从而“优化商业的运作模式，改善社区的公共服务”(胡丽等，2013；史璐等，2011；许晔等，2010)。“智慧地球”的理论实质上在于通过最大化地利用 ICT 和物联网等技术打造一个有利于经济、生活、管理发展的互联城市，全新的信息技术可以被运用到生活和生产的方方面面中去，例如将交通网路、交通工具、电信网络等植入传感设备，并将其互相链接，并形成“物联网”。然后用互联网的系统将上述“物联网”结合起来，继而使人们能够更加精确和宏观地把控所有的生产生活行为，提高效率优化管理模式，进而实现真正的智慧地球。

“智慧地球”可以用以下三类特征进行描述：① 更加敏锐和深入的信息感知，人们可以利用充分交互的联网系统，在任何地方任何时间获取、感知、流转信息；② 能够超越以往的限制，更加便捷地跨时间跨空间互联协同工作；③ 具有更加先进的智能化体系，从而进一步深入洞察我们所处的世界，取得更加有价值的突破（胡丽等，2013；史璐等，2011；许晔等，2010）。

IBM 认为（胡丽等，2013；史璐等，2011；许晔等，2010），因为受到 21 世纪几次重大的金融危机、全球环境恶化、能源衰竭、全球化日趋明显的影响，世界格局正在被重新打造，中国也是被影响的国家之一。所以 IBM 也为中国特别打造了六个领域的“智慧地球”解决方案，期望通过 IBM 的“智慧地球”来结合传统基础设施，打造现代化并且成熟的“智慧地球”基础设施平台，从而让中国的经济更加快速健康发展，并促进百姓就业和生活水平的提高。这六个领域的“智慧地球”解决方案分别为：① 智慧的电力，可以让人们查看使用电力的所产生的污染，并有权利选择人们希望使用的发电方式；② 智慧的医疗，让高昂的医疗费用成为过去，同时，提升整个医疗体系的运行效率，提高看护病人的质量；③ 智慧的城市，让更加优质的资源能够进入城市，同时，在城市生活空间上进一步地改善，使城市利于商务和投资活动；④ 智慧的交通，改善目前过大的交通负荷，疏导交通运输体系，优化城市的交通和时间成本；⑤ 智慧的供应链，优化现有的物流系统，从运输、储藏、分类、销售等各个环节进行疏导和优化，解决物流高成本、长时间的系统性难题；⑥ 智慧的银行，进一步提升我国银行业的抗风险能力，增强其在国际社会中的竞争力，从而稳定市场。

三、国内外相关案例研究

（一）德国鲁尔工业区

1. 案例分析

位于德国西部的鲁尔区从 19 世纪中期起迅速成长，发展成为德国的能源、钢铁和重型机械制造的基地。这三大板块一度占全区总产值的 60%，业务以采煤、钢铁业为核心，并迅速向化学、机械制造、电力等重工业扩展，构成了一个全维度、强关联、强集中的地区板块架构。确切地说，鲁尔区的高速发展完全依赖其清晰且完整的产业链特征：采煤—炼焦、电力—炼铁炼钢—钢铁加工—重型机械制造和煤—炼焦—煤化工。可见，在德国的工业乃至经济发展历程中，煤炭业和钢铁业在起着怎样的导向作用。

20 世纪 50 年代末到 60 年代初，鲁尔工业区开始出现经济衰落，由于石油和其他新型材料的使用，鲁尔工业区的煤铁行业不再具有优势，煤矿业和钢铁业相继爆发行业危机，昔日以采煤、钢铁、化工、重型机械为主的单一结构逐渐成为发展壁垒：产能经济增长和供需之间的失衡，经济输出结构单一和城市综合发展之间的失衡，就业需求的剧增与社会稳定之间的失衡，环境污染、生态恶化与人居理想环境之间的失衡等。

衰败的鲁尔工业区开始寻求转型，其转型经历了“再工业化”“新产业化”“产业多样化”的过程：

(1) 防守型的“再工业化”，优势凸显的传统工业得以延续。20 世纪 50 年代到 60 年代末期，鲁尔区开始进行产业结构的调整，实施“再工业化”策略，根据北威州政府制定的《鲁尔发展纲要》，鲁尔区开始对整个矿区的企业进行整合。在这一阶段，鲁尔区以立法的形式来调整产业机构，将政府优惠政策和财政补贴置于社会需求之上，完善基础设施配置、改造传统产业。

(2) 进攻型的“新产业化”，新兴产业得以发展。“再工业化”完全没有起到遏制经济滑落的作用，至此，鲁尔区开始转换策略，从产业结构的转型入手，着重发展新产业，同时也对传统工业进行改造，以期可以将经济衰退从对煤炭、钢铁工业的依附中觉醒过来。20 世纪 70 年代，制定“鲁尔行动计划”，大力扶持以电子计算机为主的信息技术产业和以遗传工程为主的生命工程产业。新兴产业的辐射和扩散效应以及政府的政策吸引了大量的投资企业，从而带动了当地多元化产业的萌发。

(3) 综合型的“产业多样化”。因地制宜的多元结构得以延伸。产业结构调整作为鲁尔区转型的一条主线，贯穿于鲁尔区改造的整个过程，20 世纪 80 年代，在原有产业政策的基础上，鲁尔区政府将产业政策的重点放在因地制宜实现产业结构的多样化，并将科技创新作为整个区域产业结构多样化及经济增长的动力和源泉，加强“产、学、研”结合，不断改进技术，更新产品。

经过数十年的持续改造，鲁尔工业区在产业转型、技术创新、生态环境和基础设施等方面取得了一系列成就：

(1) 多元产业聚集。经过改造和战略调整，鲁尔区的经济结构发生了较大的变化，从原来的煤钢主导逐渐转向侧重第三产业，煤钢的比重下降的同时，信息技术为代表的第三产业正在带着鲁尔的经济领跑德国。此外，鲁尔区的服务业迅猛发展，集聚了众多大公司的总部、保险业、电子信息产业，逐步成为一个服务业高度发达的地区。转型后鲁尔区实现了单一产业结构向多元化产业结构的转变，逐渐发展成有坚实的传统工业为基因，创新业务多核发展的综合型工业区。

(2) 技术创新进步。鲁尔区的转型过程伴随着许多大企业技术创新意识的增强，如鲁尔煤炭公司下属的煤炭研究中心的研究成果推进了煤炭工业的机械化的综合利用。鲁尔区在新技术开发的同时也加快了用新技术对传统工业的全面改造，帮助企业拟订技术革新计划，同时，区内高等院校教育和人才资源与本地区经济发展相结合，加快了科研转化为生产力的步伐，提升了区域产业结构的层次。

(3) 生态环境整治。空气污染的治理方面，20 世纪 70 年代，鲁尔区政府颁布了《洁净空气法案》，投资设立环保机构，进行生态指标的监测和数据分析，严格控制空气污染物的排放量，从根源上改变大气环境质量；河水污染的治理方面，统一规划调整水道，建设污水处理厂、污水收集管道和雨水处理设施，实现雨水污水分流，改善埃姆舍河流域的生态环境；其他方面，通过技术手段实现煤矸石和周围环境的和谐统一，废料的开发利用促进了循环经济的发展等。

(4) 基础设施完善。鲁尔工业区在转型过程中，新生企业和住区向郊区扩张，增强了市内的城市交通负担，导致边缘地区的交通情况无法衔接城市交通。因此，从鲁尔区转型开始，便把建设综合性运输网络放在首要位置，逐渐形成了一个相当完善和立体的交通网络体系，另外，丰富的能源供应系统(包括核电在内)也充分保障了该区域的高速经济发展，便捷的现代通信技术也为投资者创造了优质迅捷的信息环境。

2. 经验借鉴

鲁尔工业区转型之前与项目区目前所处情况有较大相似之处，如项目区内存在大量落后工业产业等，其改造转型经验在土地开发方面有诸多值得项目区借鉴：

(1) 依托传统优势产业，推进产业结构调整。可以借鉴鲁尔区的做法，对传统产业进行能级提升，改造其内外部形态并对所招商的企业进行梳理，保留优质企业，逐步淘汰劣质企业，保持其自身的客户资源优势，并适当发展商贸业务等。

而区域内具有传统优势的物流业，则可以发展物流前端与后端的服务业，迁移区域内的物流停车场和汽车修理、修配业务，引入物流企业办公区域总部、订单处理中心等。

（2）制定环境保护措施，提升社区环境质量。传统产业的发展是以消耗大量资源和污染环境为代价的，项目区的改造过程中，治理环境污染是不可避免的。根据上海市桃浦地区的环评报告，可以得知该区域内土壤污染极其严重，通过科学合理的技术手段治理土地污染，是该区域在转型改造过程中需持之以恒的，也是打造该区域内高端物业的必要条件。

（3）合理布局区域功能，提升片区内部关联。结合鲁尔工业区由依托工业到发展综合城市功能的转变，该项目区域可打造商业、办公、住宅、娱乐为一体的生态、智慧、活力之城，实现生活、工作、休闲的相互贯通与融合。

（二）挪威奥斯陆阿克布吉滨水区

1. 案例分析

阿克布吉滨水区坐落于挪威首都奥斯陆的南部区域，临近海湾的阿克尔滨水区。20 世纪 80 年代，由于该地区拥有 100 多年历史的尼兰造船厂倒闭致使上千人濒临失业，原公司重新组建了全新的 ANS 公司以应对该地区的重建和再就业，借此机会，政府方面也想利用与私人企业的合作，来开发该地区的房地产业务，并改造部分土地功能，从而重新激活该区位。重新规划后的项目面积有近 25 hm^2，建筑占约 1/3 面积。整个工程按照三个阶段进行，首先改建三座历史建筑，改变其原有功能为办公、研究中心和商业；第二个阶段扩展面积达到 10 万 m^2，主要为新建建筑和广场；最后一个阶段主要提供了上百个居住单元和服务于办公的公寓楼。

阿克尔原有的造船厂房结构被保留和再利用，新建筑的体量、尺度和色彩都与老厂房建筑相呼应。这使得该地区原有的集体记忆得到延续，滨水区建设根植于历史，而又超越了历史。具体规划改造特点有：

（1）优化区域的交通。原有阿克尔与市政厅的交通被一条城市主干道隔离，这很大程度上影响了人们自由穿行，接近水面。政府通过斥巨资新建地下连通车道来将地上的区域改造成纯步行的通道，同时疏解了交通压力。城市主干道向地下转移，使人流进入地块成为可能。

（2）新建项目和改建项目互为补充，为了保留老码头原有的历史风貌，对于原有的老船厂主体建筑，在更新时得以保留，而部分过于老旧的建筑则予以拆建。

(3) 重新改造区域的公共空间。建筑师在规划布局中将该地区定位成一个非常开放的公共空间，因此，附近的居民可以方便到达滨水区。整个改造项目最大的一点变化是打通了所有建筑的一层空间，变为视线开阔的公共空间；建筑内部则是设计成了一整条联通的廊道，使建筑室内外可以连为一体。

(4) 多业态相融合。阿克尔原有的造船厂厂房结构被保留和再利用，部分被改造为零售商业中心，成为汇集周边地区人流的商业服务核心区；部分被改造为办公楼，在保持原有结构的同时加入了楼板，并留出一些采光庭，使室内空间更有利于办公；多功能会议中心以及住宅功能的加入更加丰富了阿克尔地区的业态功能。

在智慧城市建设方面，奥斯陆建设围绕市民服务和基础设施建设两大领域实施智慧化方案，让信息技术切实造福市民生活的方方面面。

(1) 智慧图书馆：奥斯陆的德切曼斯克图书馆是世界首座采用主动式能源的图书馆建筑；利用主动式能源，使用可再生能源发电和制冷，楼板使用混凝土芯活化技术，优化建筑运转中能源使用；主动式智能采光，使用光伏一体化技术、高反射室内百叶等。

(2) 智慧住宅：卡鲁斯特瑞格生态住宅位于奥斯陆老城区，综合采用了多种生态技术；使用太阳能综合利用系统，作为主要热水和采暖热源；使用双层表皮玻璃幕墙以及更高标准的保温外墙、可回收材料和无环境危害材料；采用每户独立能耗计量系统。

(3) 智慧通信：发布全球首个4.5 G移动网络，网室外峰值速率达到1 Gbps，现为全球最快商用移动网络；数据存储上网络容量拓展数倍，语音通话上语音呼叫建立时间缩短了五倍左右，采用先进的语音编码技术与频谱重整技术。

(4) 智慧市政：奥斯陆市内的65 000个路灯和750个路灯控制柜都进行了智慧化升级；路灯中安装了 Streetlight.Vision 软件和带埃施朗控制操作系统(COS)的电源控制器，全部联网控制，可实现以节能为导向的定向调暗、自动开关和更简易的故障定位。

(5) 智慧交通：在道路安全保障、交通数据搜集等方面，广泛应用信息化技术，比如自动事件检测系统(AID)通过可变信息交通标志板(VMS 板)向驾驶员发出紧急告警；交通数据搜集方面，大范围运用传感器。

2. 经验借鉴

奥斯陆阿克布吉滨水区脱胎于老旧的大型船厂，经过精心的规划，结合其周边的商业环境，采取了增加公共空间、改造与重建相结合、多业态混合等改造策略，最终成功完成地区转型，是旧工业区重新进行土地开发的典范。

(1) 在规划方面，重视公共空间的预留与开发。阿克布吉将公众利益放在首位，增加了公共活动空间的滨水空间，在项目区建筑首层增加大量公共空间，创造出了滨水步行道和多样化的街区空间，最终带来大量人气，成为新的地标。

(2) 在土地使用方面注重混合功能。在平面维度，商业文娱区和居住区混合布置；在竖向维度新建筑中，商业办公和居住的混合布置。

(3) 在土地开发方式上，改造与重建相结合。尊重和延续原有造船厂的历史文脉，用颇有创意的建筑小品，贯穿楼宇间的廊道，同时通过跳跃丰富的建筑立面设计以及精致的景观构筑小品设计来激活整个街区。

(4) 在智慧城市建设方面，虽然平台尚未形成，但是从智慧建筑、智慧通信以及智慧交通等方面进行了有益探索。

（三）日本东京六本木

1. 案例分析

地处东京都会区的六本木片区是东京西南核心区的重要组成部分，该片区临近新桥、虎门、青山、赤坂商业街区，同时，霞关政府街道和外国领事馆以及部分高档住宅区也在片区之中。随着东京的城市吸引力渐渐削弱，政府开始希望对六本木老城区进行新的改造。20 世纪 80 年代，日本森株式会社开始介入这个漫长的改建项目。虽然在项目初期，大量的舆论认为六本木改造对于日本来说是一个过于宏大、剧烈的改造项目，很多人怀疑在日本最长的一个经济衰退期，进行如此具有野心的项目，实为时机不适。而经过森株式会社对原有土地的重新划分，以及相应的建筑改造后，六本木新城自 2003 年开业以来，已然成为东京乃至日本最为成功的商业购物中心和旅游景点之一，所有外地游客几乎不约而同地奔向六本木的综合商业设施。

该案融合了城市设计与规划设计的趣味性，以轨道交通和城市公共交通为核心架构，将园林、建筑、业态相互渗透、相互引导，将空间的趣味性延续至整个垂直体系。而项目的运营管理巧妙地与旅游业相结合，尤其是东京电影节的引入，大大增加了项目的价值。具体来说项目具有以下特点：

(1) 前瞻性的改造理念——“城市复兴新政策”。“城市复兴新政策”这一开发理念可以说直接使六本木新城成为世界著名的商务旅游中心。森株式会社希望借以“使生活在城市的人们拥有舒适的环境；使生活在城市外的人们往返于城市和住区缩短时间，更高效地工作，拥有自己的私人时间”的愿景，让六本木的核心区域变成一个公园与城市互相交融的场所。六本木在改造过程中的最大特点在于其不仅仅经历了区域的二次城市化，也同时完成了产业的升级换代。新的建筑理念也被进一步植入，诸如垂直花园、文化中心，全立体景观覆盖，地面、屋面、广场、街道，每一处公共场所都被重新利用起来。同时，六本木整合了大量的城市职能和业态，并以其完善的基础设施充分适应了老龄社会的发展，提升了当地居民的生活质量（姜冬冬，2015）。

（2）丰富变化的建筑。六本木购物中心和公共空间是由美国捷得（JERDE）建筑事务所设计，他们在设计之初就充分考虑购物中心的旅游化倾向，因此，在立面和空间设计中别出心裁地加入变化元素，勾起游客的好奇，延长其购物的时间。另外，丰富的庭院绿化、水景和无处不在的盆景让整个中庭富有动感。中庭上方的采光天井采用一定的遮阳手段，使阳光能够柔和地进入室内，提升了室内的光热环境质量。

（3）旅游商务智慧化探索。智慧景观：夜景光影与开放影院服务。夜景光影随着观赏距离远近而呈现出光影重叠的不同趣味；开放影院采用内向外渗透的投影技术，可通过水、玻璃、建筑结构等层面向外投影，画面灵动别致。智慧购物：提供移动支付与智能记账服务。交通购物预付卡 Suica 卡和 Edy 卡设有手机 APP，使用方便；游客还可享受日本购物的返点系统，自动记账。智慧交通：停车场人性化设计，实现流量监控与动态分流。停车场采用垂直空间分布，在道路监控获取车流信息，白天将车位往消费区动态分流，晚上则向办公区分流。智慧安全：配有自动化火灾减灾系统。火灾发生时，报警器报警、灭火设备启动、系列防火流程自动启动，待工作人员确认灾情属实后通知消防队。

2. 经验借鉴

东京六本木新城改造项目从前期定位、规划到设计，再到改造旧城区，历经17年的调整与更新，最终形成了商办、住区、酒店、影视等多业态融合的建筑形态，占地面积116万 m^2，建筑面积72.4万 m^2。东京六本木新城已经成为亚洲最成功的旧城改造典范，其土地开发层面的成功经验值得我们借鉴。

（1）确立前瞻性的土地开发理念。六本木在二次城市化的理念下，提出“城市复兴新政策”，“使生活在城市的人们拥有舒适的环境；使生活在城市外的人们往返于城市和住区缩短时间，更高效地工作，拥有自己的私人时间”开发思路，为项目最终成功奠定了坚实的基础。

(2) 在土地开发过程中，高度重视生态环境。六本木新城生态建设条件并不优越，高密度的开发使得景观生态难以在平面铺开，然而，其充分利用建筑内部的垂直空间打造了宜人的空中花园，甚至设置了稻田、蔬菜等田园风格的景观，强调了人与自然的互动。

(3) 智慧商旅建设。六本木为建设智慧旅游商务中心和智慧艺术文化中心，在相关重点领域进行数字化升级改造，打造智慧化的旅游文化体验。

(四) 国内相关案例研究

桃浦地区作为上海市中心城区范围内最后的可供大规模开发的板块之一，如何利用和发挥好后发优势，使桃浦科技智慧城在土地开发中能更好地避免上海各大开发区以及国内其他开发区之前走过的弯路，在代表上海西北门户的桃浦地区不留遗憾，将是此轮开发建设的题中之义。本文从案例研究出发，通过对国内尤其是上海市相关园区开发建设中经验教训的梳理和总结，为桃浦科技智慧城建设提供经验借鉴。

1. 国内相关案例分析

1) 张江高科技园

园区位于上海市浦东新区中心，地处上海 CBD 与浦东国际机场的中间位置，上海发展中轴线，是国家级重点高新技术开发区。园区成立于 1992 年 7 月，位于浦东新区中南部，开发商为上海张江(集团)有限公司，规划面积 75.9 km^2，其中核心区面积为 17.1 km^2。其主导产业为集成电路、IT、生物医药、金融、文化创意，截至 2015 年 12 月，有上万家企业注册在园区，共入驻 3 000 余家，解决就业 32 万位次，如罗氏制药、惠普、盛大网络、汇仁制药、IBM、微软等知名品牌皆进驻园区。

经验：张江高科技园作为创新示范区，定位为国家级自主创新示范区，张江园区领导小组由市政府领导牵头组建，有着显著的政策平台优势。

教训：① 前期规划中存在商业配套设施不足、绿地利用率不高、交叉口较多、交通不便等问题；② 土地开发路径依赖严重，资金渠道和开发模式的单一使得开发者在行业周期的波动下财务风险骤增；③ 招商引资难度的加剧使得开发区容易在产业选择上出现短视现象，即一些见效快、易发展但层次低的伪高科技产业被当作高新技术产业引进，最终导致开发区增长乏力。

2) 前滩国际商务区

开发区位于上海市黄浦江南延伸段，是上海市“十二五”期间重点开发的区域之一。根据上海市“十二五”规划，前滩被赋予城市新的行政中心、文化中心和国际商务区的重要职责。前滩具体的规划范围是北起川杨河，南至中环线（华夏路），东起济阳路，西至黄浦江，总用地面积 283.17 hm^2，沿黄浦江岸线长度约为 2.3 km。前滩地区相对于上海市其他几个重点研究园区来说，规划时间距现在更近，规划理念更新颖，更加迎合时代发展和理念赶超的需求。前滩在自身优越的区位、资源基础上，以后续可持续发展为主要切入点，着力全维度打造环境生态型与功能复合型的综合发展标杆。

经验：① “高举高打强投资”开发战略确保基础设施一步到位，陆家嘴与开发商联合开发模式确保了物业开发品质及后期运营，前期引入国际医院与国际学校，贯彻了“国际商务区”的规划理念；② “垂直城市”“立体城市”“24 h 城市”的规划概念打造地上、地下、空中多个城市界面；③ 轨道交通、地面交通、水上交通、慢行交通为一体化交通网最大化交通承载能力，同时为未来发展预留空间；④ 打造海绵城市，采取雨污分流排水体制，雨水经管网处理后排入小黄浦河道。

虽然并未明确提出智慧城市的概念，但是其海绵城市的建设、综合管廊的规划、立体交通的设计均是智慧城市的重要方面，对项目区智慧城市建设提供了宝贵经验。

教训：目前处于规划建设阶段，前期试水较为成功，未来发展仍难预测。

3）金桥经济技术开发区

开发区位于上海市浦东新区中部，是由中国政府批准设立的国家级重点开发区，含原金桥出口加工区、空港工业园区、南汇工业园区在内占地面积共 67.79 km^2；金桥出口加工区规划面积 27.38 km^2，分为北区和南区，北区 18.48 km^2，南区 8.90 km^2。金桥开发区是集工业制造、生活居住、贸易经营、商业服务和社区管理等功能于一体，按国际规范运作的高水准的综合性开发区，汽车、电子信息、家电、食品加工与生物医药、软件外包、现代物流等先进制造业和生产性服务业等，西门子、通用汽车、拜耳材料科技等知名企业。碧云社区则是上海目前外国人聚集度最高的区域之一。

经验：① 资金方面以“政府＋高校＋民企”区域联动模式，着力引入民营资本；② 服务体系以“优商、惠商、亲商、安商、扶商”为目标，打造白金服务体系，为投资者开拓有效解决问题的窗口；③ 智慧城市方面，紫竹网络视听基地的服务模式，使得开发区基础性服务能得到及时反馈，形成系统化及专业化创新服务体系；④ 开展新业务、提供创业的场所、搭建创业平台，并在场地租金、税收等方面提供有利政策。

教训：未建立大气质量监测子站和环境监控与预警系统，难以实现园区内的大气环境质量的实时监控及环境预警。

4）陆家嘴金融中心区

上海市陆家嘴金融中心区的规划边界是东起浦东南路，西至黄浦江边，南起东昌路，北至黄浦江边，总用地约为 168.79 hm^2，位于浦东新区，属于上海市重要的核心地带之一，聚集了上百家著名的中外银行和金融机构。区域内具有轨道交通 2 号线陆家嘴站，并连通外滩观光隧道、延安东路隧道等。由陆家嘴金融中心区东扩到内环浦东部分，成为陆家嘴金融贸易区，贸易区规划边界为“南浦大桥—龙阳路、杨浦大桥—罗山路内”。上海陆家嘴金融贸易区是我国第一个金融贸易区，也是迄今为止唯一一个以金融贸易命名的国家级开发区，也被划为上海自贸区的组成部分之一。

经验：① 地下空间，通过将接驳巴士沿地下公共通道布局线路，提高公交服务能力；② 出租车系统设置上，通过集中设置、资源共享的方式，利用地下停车场的不同层面将候客区和临时上下客区分开来，并用调度系统串联两大功能。

教训：① 开发节奏，分段开发模式下，基础设施建设各环节间存在衔接问题，“以地块内最佳使用为先”的规划模式导致城市公共空间的碎片化，使得建筑物与公共空间之间很难形成融合性和关联性；② 商业配套，商业服务设置单一化，过多强调高端功能，周边互补性的商业设置不足导致商业缺乏连续性和多样性，难以形成体验式的气氛和乐趣，而受众人群的窄小化最终造成商业设施的使用效率难以提高；③ 居住区街廓尺度过大，导致城市空间私有化和破碎化，肢解城市活力；④ 交通规划，过境交通与区域交通主通道重叠，导致交通压力相对集中，分流效果差。

5）漕河泾新兴技术开发区

漕河泾新兴技术开发区位于上海西南部，地跨徐汇区和闵行区两个行政区，是国务院批准的全国首批 14 个国家级经济技术开发区之一，1991 年又被批准成为国家级高新技术产业开发区。园区内主要产业以高新技术产业为主，目前，已经形成微电子、光电子、计算机及软件、新材料、航天航空等高新技术产业群，研发开发、金融数据、科技创新等功能中心。园区设有管理委员会、管理模式为“公司制”，通过设立开发区总公司（上海市漕河泾新兴技术开发区发展总公司）来具体负责漕河泾开发区的开发、建设、经营、管理和服务。目前，开发区汇聚中外高科技企业 2 500 多家，其中，外商投资企业 500 多家。81 家世界 500 强跨国公司在区内设立 126 家高科技企业。2014 年，开发区年销售收入 2 852 亿元，其中，第三产业收入 1 908 亿元，地区总产值 970 亿元，工业总产值 785 亿元，进出口总额 120 亿美元，单位面积经济效益在全国开发区名列前茅。

经验：① 作为面积较小的开发区，漕河泾实施了“统一品牌、跨区布局、多点联动、协调发展的”扩张思路，通过品牌输出带动贸易的进一步发展；② 漕河泾采用了设置接驳线路、调整交通组织、打通断头路和建设下立交等方式，在一定程度上缓解了区域的交通压力。

教训：① 产业结构单一，抗风险小，受宏观经济波动影响较大，一旦出现行业的周期性波动，易造成区域经济大幅下滑；② 地下空间受开发建设时间较早影响，未能采取地下与地上空间统筹设计、统筹开发的模式，存在地下空间利用率低、地上空间和地下空间整合难、地下空间改造难等问题；③ 环境治理，临街住宅楼距离周边路较近，昼、夜间会受到一定程度的交通噪声影响。

6）苏州工业园区

苏州工业园区是中国和新加坡两国政府的合作项目，于 1994 年 2 月经国务院批准设立，同年 5 月实施启动，行政区规划面积 278 km^2，其中，中新合作区 80 km^2，下辖 4 个街道，常住人口约 78.1 万。2014 年预计实现地区生产总值 2 000 亿元，同比增长 8.5%；公共财政预算收入 228 亿元，增长 10.2%；实际利用外资 19.6 亿美元、进出口总额 800 亿元、固定资产投资 700 亿元，均保持稳定；社会消费品零售总额收入达到 5.35 万亿元，同比增长 9%，经济社会持续发展。

经验：① 规划前置，同时编制概念规划、详细规划及重点地段规划，形成严密完善的规划体系，且所有规划项目进行招投标，严格遵守“先规划、后建设、先建地下、后建地上”的开发逻辑，在各个规划方面都力求世界一流水平；② 节能环保方面引入“功能分区、项目分类、产业引导、雨污分流、清洁能源、废污控制、景观绿化”等先进环保理念，建立“污染禁入—生态缓冲—雨污截流—集中供热—垃圾处理”五道环保防线；③ 污染治理方面建设覆盖全区的环保基础设施，安装污水管网成分构成（TOC）在线监测系统，实现区域污水处理水质远程监控，从源头上消灭和减少污染，节约末端治理成本。

教训：区域交通设施资源偏向小汽车，公交专用道占道路空间资源比例严重不足，慢行休闲道路呈局部点状布局，难以形成网络化。

7）前海深港现代服务业合作区

前海深港现代服务业合作区地处深圳蛇口半岛西侧，珠江入海口东岸，占地面积 14.92 km^2，建设规模 2 600 万～3 000 万 m^2，规划就业人口 65 万、居住人口 15 万，重点发展金融、现代物流、信息服务、科技服务及其他专业服务四大产业。前海合作区依托优越的海、湾、河自然条件,形成“三区两带”的空间格局,桂湾、前湾、妈湾三个片区分别定位为核心商务区、综合发展区和保税港片区,滨海休闲带和综合功能发展带连通三大片区,实现工作与生活、商务与休闲的相互辉映。

经验:① 通过创新的“1+6+3”规划体系,全面覆盖各层次规划,实现跨部门合作及积极有效合作,搭建规划统筹平台可以统筹解决各规划矛盾点,同时提高审批效率;② 土地价值提升,通过“1.5”级开发节约了开发成本,提升了周边地价;③ 招商引资“优惠前置”保证了政府前期收益,规避了开发进度缓慢或停滞带来的风险;④ 绿色规划,“三级绿廊、四级绿地”的系统打造了可持续发展的绿色低碳城区;⑤ 低碳实践,采用可再生能源利用、水资源循环利用、建筑高效节能与能源监控、智慧城市管理、TOD 模式等技术手段。

教训:实际开发进程与国家十三五规划目标不相符合,在开发初期叠加过多愿景,导致后期开发陷入任务化、数字化。

2. 国内案例共性分析

国内尤其是上海的各个开发区伴随中国经济的高速发展,取得了较好的表现,不过园区设立之初受限于规划理念落后、产业政策变化及资金缺口较大等历史原因,均留下了或多或少的遗憾,本文从规划、产业、交通、生态及开发方面进行梳理归纳。

(1) 规划问题:① 规划前期未能理清产业发展和用地布局的关系,导致后期产业用地资源日渐稀缺与招商引资规模扩大的不平衡加剧;② 在城市规划上求大比高,无视城市规模扩展阶段已经结束的事实,仍将规模大、建筑高等作为衡量标准,导致建设工程超出城市的实际需求和财政能力,造成公共资源和土地的严重浪费;③ 规划的约束性不足,尤其在后期招商运营过程中,原有定位和目标往往随实际项目轻易调整;④ 区域发展普遍缺乏科学合理的人口导入规划和人口结构发展规划,导致区域实际人口数与规划人口数相去甚远,区域最终的人口结构构成具有一定随意性,加大了区域商业配套调整的压力;⑤ 产业与城市规划缺乏合理统一的有机联系,以至于区域经济规模与交通、就业、用地和布局等相脱节,产城难融成为突出问题。

(2) 产业问题:① 产业结构偏态化,抗风险性小,受宏观经济波动影响较大,一旦出现行业的周期性波动,易造成区域经济大幅下滑;② 招商引资难度加剧造成在产业选择上出现短视现象,即一些见效快、易发展但层次低的伪高科技产业被当作高新技术产业引进,最终因创新带动不足致使开发区增长乏力;

③ 产业定位与自身资源禀赋脱钩，致使开发园区与高科技园区难以与周边镇的产业产生联动，带动周边镇经济的发展；④ 产业同构现象贯穿园区产业定位的当下和未来，导致园区产业转型升级仍旧难以差异化发展；⑤ 产业发展方向过多致使区域陷入核心功能模糊的摊大饼式发展。

（3）交通问题：① 原有城市道路基础设施的容纳能力难以满足现代汽车数量的增加，导致交通拥堵、停车难等一系列问题的产生；② 区域交通设施资源偏向小汽车，公交专用道占道路空间资源比例严重不足，慢行休闲道路呈局部点状布局，难以形成网络化；③ 路网结构不合理，次干路和支路的比例较低，宽马路、低密度的道路结构导致一旦出现交通流过大问题时无法实现有效分离，导致持续化的交通拥堵；④ 在快速路系统中缺少对立交规划的预埋，从而导致平面交叉口过多以及互通式立交不足，容易引起延误甚至引发交通安全问题；⑤ 公共交通体系建设不完善，产业区、居住区与公共交通设施间“最后一公里”问题难以得到有效解决，导致驾车出行的“刚需”持续存在；⑥ 步行交通环境缺少人性化设计和体现人与步行环境相融合的元素，导致出行的体验功能较差；⑦ 城市道路设计以满足机动车交通需求为核心，行人和公交空间路权分配不足，通行安全难以得到有效保障。

（4）生态问题：① 污水纳管率不高，污水处理收集系统不完善，园区外分散工业企业和居民区污水直排河道情况严重，导致镇内部分河道污染严重，河流水域生态系统堪忧；② 园区未能对区内企业的危险废物处理进行统一管理，区内企业均各自进行危废物的委托处置，且最终危险废物的去向和处置情况也不能得到很好的保证；③ 缺少与绿色理念相匹配的绿地面积，区域用地往往偏向产业用地和生活用地，居住区内的绿化设计没有遵循“以人为本”的原则，如用绿地做隔离带而忽视居民生活的便利性等，城市居住区绿地设计视觉观赏有余，生态调节不足，绿化设计存在中看不中用的问题；④ 园区未建立大气质量监测子站和环境监控与预警系统，难以实现对园区内的大气环境质量的实时监控及环境预警。

（5）开发问题：① “土地出让先行，配套持续推进”的策略导致地块议价能力较低，土地出让收入与区域潜在价值存在较大差距；② “以地块内最佳使用为先”的规划模式导致城市公共空间碎片化，城市公共空间是建立在各地块内的建筑物规划完成后剩余空间的再利用基础上，使建筑物与公共空间之间很难形成融合性和关联性；③ 土地开发路径依赖严重，资金渠道和开发模式的单一使得开发者在行业周期的波动下财务风险骤增；④ 开发区与周边镇（街道）的经济发展与社会管理职能存在边界模糊、权责不清等现象，在管辖区域、招商引资、城市管理、社会治理等多项职能上都有重合。

3. 国内案例经验借鉴

综上所述，国内各个开发区或多或少留下了一些遗憾，而这些走过的弯路给项目区的土地开发提供了借鉴，充分吸取这些经验教训，将更好地发挥好桃浦地区的后发优势。具体来说在土地开发方面对项目区的启发主要包括以下几点：

(1) 在规划方面，确立适度超前规划的规划理念，应强调概念超前与留白发展的统一，依照先规划、后建设，先建地下、后建地上的开发逻辑。

(2) 在产业定位方面，防止产业偏态化。避免因行业的周期性而导致风险集中爆发对新城经济发展带来的冲击，为产业发展留有弹性，避免在开发初期定得太死，导致后期调整困难。

(3) 在交通方面，建立与需求相适应的先进交通体系。全面考虑公交系统、轨道交通、共享单车、机动车与非机动车等多维出行方式，注重宏观混合和节点地区的微观混合，保持轨道交通线网覆盖的公共管理和服务用地、商业服务设施用地以及居住用地的占比平衡。

(4) 在生态环境方面，高度重视生态环境。作为上海传统的老工业区，土壤治理势必将是未来新城建设中一个重要的议题；中央绿地规划面积占总占地面积的 29%，作为新城的新标志，将美化景观、治理环境和提升品质上最大化地发挥其功能。

(5) 在土地开发时序方面，避免“土地集中出让，配套持续推进”的老路。采取配套先行的方式，一方面，通过生地变熟地可抬高土地出让价格；另一方面，完善的配套设施也有利于区域人气、产业的集聚。

(6) 重视“科技智慧城”的落实，避免流于口号。在桃浦科技智慧城的规划中，应加入引领性、未来性的元素，如信息网络的植入、智能化建筑(包括智能化住宅、智能化科技咨询中心、智能化信息管理中心、智能化公共建筑)，以及前沿科技在新城内的应用和体验等。

(五) 小结

对国内外案例的分析研究，为上海市桃浦智慧科技城土地开发提供了丰富的经验借鉴。就国外案例而言，鲁尔工业区转型之前存在大量落后工业产业，与项目区目前所处情况有较大相似之处，其依托传统优势产业，推进产业结构调整的经验值得重点借鉴；阿克布吉滨水区高度重视建筑与生态环境的融合，六本木新城前瞻性的规划开发理念，值得项目区借鉴。对国内诸多开发区从规划理念、业态规划、交通体系、生态环境、开发思路、智慧城建设等角度的研究，均为项目区发挥后发优势，实现弯道超车提供了重要的参考。

四、桃浦科技智慧城土地开发背景及SWOT分析

（一）项目土地开发背景及存在的问题

桃浦科技智慧城位于上海市普陀区桃浦镇，以中环线、外环线、沪宁铁路、沪嘉高速围成的7.9 km^2 为开发区域，以南何支线为界分为核心区和拓展区，核心区4.2 km^2，拓展区3.7 km^2。

桃浦科技智慧城的前身——桃浦生产性服务业功能区经历了两次定位谋划。2011年12月30日，地区控规获批着力打造低碳生态城；2012年，由于功能定位的调整，启用“桃浦科技智慧城”名称。2012年3月，时任上海市市长的韩正同志到普陀桃浦地区调研时做出重要指示，同年10月17日，韩正同志在桃浦地区转型发展专题会议中就有明确的指示，桃浦地区的转型和发展，必须要用高起点和高水平来要求，需要从头到尾彻底调整，敢于打破一切限制。

1. 项目经济社会背景

2015年普陀区全区生产总值为657.58亿元，经济社会发展总体实现了稳中有进，创新驱动转型发展的效应逐步显现，经济结构、质量和效益进一步改善。第三产业增加值比重达86%，以科技服务、并购金融为特征的现代服务业结构逐步形成，占区级税收比重为18.52%。区域实现财政总收入284.21亿元，增长10.94%，过去五年年均增长12.93%。其中，区级财政收入完成96.36亿元，增长12.01%，过去五年区级财政收入年均增长13.14%。城区面貌得到很大改善，完成二级旧里以下房屋征收5 034户，共10.9万 m^2，2011年至2015年累计完成57万 m^2，超额完成3.2万 m^2。区域内改革创新取得新进展，制定《上海自贸区海关监管服务制度创新和复制推广示范区（普陀）总体建设方案》，“一平台四中心”框架初步形成，上海普陀文化艺术品展示交易中心揭牌。上海普陀并购金融集聚区成为上海国际金融中心的重要特色功能区。制定《关于提升区域科技创新能力的实施意见》，出台《支持科技创新的若干政策意见》及配套细则。承接国家、市创新项目等科技专项135项，近5年累计达490项；新增高新技术企业20家，5年累计新增85家；新增市科技小巨人企业6家，5年累计新增25家。

2. 项目产业发展背景

国家“十三五”规划期间，在普陀区全面构筑以服务经济为主的产业结构过程

中，上海产业发展将进入高端化、融合化和集群化发展的新阶段。上海的产业空间布局规划将按照“分类指导、园区集聚、功能突出、资源共享”的原则，形成三个层次的产业布局：内环线以内地区作为第一层次，重点发展现代服务业及高端产业；内外环线之间地区是第二层次，重点发展生产性服务业；外环线以外地区是第三层次，重点发展先进制造业，提高经济规模和集约化水平，集中建设市级工业区。

建设项目区是上海市委、市政府为发展面向未来的总部商务、服务经济而做出的战略决策，立足于全球区域经济建设的高起点上，致力于提升中心城区核心竞争力，实现项目区与周边地区可持续发展，带动全市中心城区转型的调整，辅以生态和谐的住宅区域、集中体现以人为本的高效开发区。

市领导在普陀区调研时的讲话中指出，需围绕产业结构调整和环境综合整治两大任务，全力推进项目区的各项开发建设工作。在关于推进桃浦地区转型发展有关情况汇报的工作会议上，市领导再次提出桃浦地区的产业调整要面向上海未来发展，提高要求，抓住建设机遇，同时指出，桃浦地区的调整不仅是从原来产业上的调整，而是一次脱胎换骨的大调整，要以提升整个上海中心城区的产业发展水平的角度进行调整。普陀区政府联合项目区管委会做出如下工作安排：① 形成良好运行机制，通过与专业团队的合作开发，充分发挥市属国有开发企业在科技园区建设中的品牌、资源、服务优势，通过靠大联强，合作发展，把智慧城建设成为综合发展靠前的科技园区；② 全力攻克发展难点，努力做好停车场的调整和低端物流业淘汰工作，为新建项目和产业升级提供发展空间，并提供政策、资源予以保障；③ 有效整合集体资产，做好园区内镇、村集体资产的整合利用，提高资产使用效益，参与智慧城开发，同时维护好当地群众利益，在确保项目顺利开发的同时提高群众生活质量；④ 努力推动合作共赢，探索多种方式，调动园区市属国有企业参与开发建设的积极性，推动就地转型发展，实现合作共赢，要注重成片成街坊、带方案、有目标推进开发建设；⑤ 把握产业发展趋势，提高对产业发展的认知度，聚焦高端产业，引进知名企业、品牌企业，提高产业能级度。

市领导在关于推进桃浦地区转型发展有关情况汇报的工作会议上指出上海经济活力是缺少科技型中小企业，与此同时，普陀区政府为贯彻落实关于促进中小企业发展的精神，在特殊情况下推动区域经济发展，建立了促进中小企业发展的“三联制度”，着力为中小企业的发展营造良好的政策发展环境。① 普陀区促进中小企业发展联席会议制度，每月定期研究并分析全区中小企业发展问题，从体制上为中小企业发展提供有效环境；② 建立区四套班子领导与成长性企业的定点联系制度，了解和掌握中小企业在发展过程中碰到的实际问题，推动中小企业健康发展；③ 建立政府职能部门对企业的跟踪联动制度，对企业提出的难题，落实专门的职能部门予以跟踪解决并在出现新问题的时候及时联动，协调沟通。

不管是市委市政府层面的重视程度还是区层面的全身心投入，项目区的转型和发展都将是普陀未来的工作重心，是上海市旧工业区改造示范区，任务之重显而易见。

3. 项目区土地开发存在的问题

1）主导产业落后

项目区此前秉承“商贸普陀”的总体定位，主导发展医药、物流、会展、工业设计四大行业。历经多年的发展演变，目前低端制造业、化工、物流是项目区最主要的产业，而其中化工和物流是造成目前桃浦污染严重、交通无序的根源。化工业造成了桃浦严重的环境污染，而区域内的物流也只是发展了物流链的配送运输等低端环节，带来的经济发展附加值低。此外，位于区域西北角的医药港建设也和规划中的招商有很大出入，目前主要包括印刷、服装、机械加工等。由于招商对象过于低端，不仅影响了桃浦的形象，也妨碍了整体产业的提升，所以桃浦地区产业结构调整急需取得突破。

2）土地利用结构失衡

根据土地利用现状分析，项目区实际可利用土地为 3 496 616 m^2，其中工业用地为 2 047 420 m^2，占实际可利用面积的 58.55%，其中，仓储用地为 419 548 m^2，占实际可利用面积的 12.00%，其中，商业用地仅占了实际可利用面积的 4.52%。绿化面积为 327 212 m^2，占实际可利用面积的 9.36%，由于疏于养护等原因，生态环境差。由此可见，项目区域内的用地结构是极其不平衡的，工业仓储用地共占了实际可利用面积的 70.55%，根据项目区的发展方向，如此低的商办配套比是不符合区域发展条件的，甚至可能成为障碍；其次，要实现“产城融合”的开发理念，现有的绿化率无法满足要求（表 1-1）。

表 1-1　项目区土地利用现状

土地用途	工　业	仓　储	商　业	办　公	住　宅	教　卫
面积/m^2	2 047 420	419 548	158 212	31 065	89 314	100 388
土地用途	市　政	绿　化	交　通	水　域	其　他	
面积/m^2	83 297	327 212	182 105	29 873	28 182	

此外，在项目环境评估的报告中显示，项目区内存在较为严重的土地污染，根据调查统计污染面积共达到 1 888 亩(1 亩＝666.6 m^2)，某些地块的污染超标达到 1 000 倍以上，为重度污染，治理费用估算需要 8.46 亿元，平均单价为 44.8 万元/亩，预计治理时间需要 1.5～4 年。

3) 土地利用效益低

2012 年项目区单位土地税收产出为 2.79 亿元/km^2，单位工业用地产出率为 17.81 亿元/km^2。普陀区内的上海未来岛高新技术产业园区的单位土地税收产出为 10.03 亿元/km^2，单位工业用地产出率达到 55.94 亿元/km^2；漕河泾新兴技术开发区的单位土地税收产出为 20.39 亿元/km^2，单位工业用地产出率达到 99.4 亿元/km^2；上海市的开发区平均单位土地税收产出也达到了 7.12 亿元/km^2，单位工业用地产出率也达到 70.3 亿元/km^2。相比而言，项目区在单位土地税收产出和单位工业用地产出率上都显得过低，土地产出效益没有得到很好地发挥(表 1－2)。

表 1－2　2012 年开发区土地产出效益比较

	上海市开发区平均	上海未来岛高新技术产业园区	漕河泾新兴技术开发区	项目区
单位土地税收产出/亿元	7.12	10.03	20.39	2.79
单位工业用地产出率	70.3%	55.94%	99.4%	17.81%

4) 土地开发无序

项目区在开发建设过程中采用的是边建设边搬迁边调整的开发模式，在指定漕河泾为开发主体之前，项目区已有初具规模的项目，是此次开发的保留建筑，如康健广场、上海信息技术学校、中鑫企业广场、包装城、机电城以及金环智慧天地。这些项目在开发中缺少统一规划，所以在选址上、建筑形态上对项目区的整体形象展示形成了一定的障碍。此外，项目区内还有少量的军事用地，也会阻碍项目区的开发进程。

表 1－3　项目区土地使用方式现状

土地使用情况	自　用	租　赁	合　作
面积/万 m^2	227.9	116.28	1.18
比　　例	65.99%	33.67%	0.34%

从项目区现有的土地利用情况来看，土地权属复杂，资源整合难度大，开发方式受限制。项目区实际国有土地为 2 948 807 m^2，占总面积的 84.33%，集体用地为 547 809 m^2，占总面积的 15.67%，这对土地收储带来一定的难度；在取得方式上，其中，以出让方式取得的土地面积为 1 691 931 m^2，占总面积的 57.38%，以划拨方式取得的土地面积为 1 256 876 m^2，占总面积的 42.62%(表 1－3)。在土地使用情况上，显得更加复杂，存在很多土地权属人和土地使用人不一致的情况，主要因为项目区大部分土地都是以租赁的方式开发的，占了项目区实际使用面积的 33.67%。目前，项目区土地使用方式多为转租，缺乏整体规划引导、利用无序，在一定程度上给土地的整合和收储造成困难。探索有效的土地出让方式，有效控制土地收储成本，把握土地出让时机，最大限度提升土地出让价值，建立储备和出让统一协调机制显得尤为迫切(表 1－4)。

表 1－4　项目区用地性质和取得方式现状

	用地性质		取得方式	
	国有	集体	出让	划拨
面积/万 m^2	294.88	54.78	169.19	125.69
比例	84.33%	15.67%	57.38%	42.62%

(二) 项目土地开发 SWOT 分析

1. 优势分析

1) 后发优势

桃浦科技智慧城区域是全市中心城区，特别是外环以内唯一可成片，大规模二次开发的区域，是上海西北中心城区具有引领性的城市更新实践区。而相比开发已经较为成熟的其他开发区而言，项目区有明显的后发优势。

2) 政府高度重视

上海市委、市政府高度重视桃浦地区转型发展，为桃浦转型发展带来了难得机遇。市委、市政府主要领导亲自抓规划编制、城市设计、功能定位、产业布局等工作，还多次现场办公、批示指示，具体指导桃浦转型发展工作。市政府各委办局聚焦桃浦，在政策支持、资金保障等方面给予大力支持。区委、区政府把桃浦地区作为普陀区转型发展的引领地区，集全区之力推进各项工作。

3) 开发主体临港集团品牌技术优势

市区联手合作带来的区域转型发展的新优势。普陀区与临港集团深化合作后，可以借助"漕河泾"的品牌效应，靠大联大，充分发挥其在园区开发和管理、招商资源等具有的专业团队优势，发挥临港集团作为中国领先的产业园区开发商、运营商和服务商的作用，有利于依托其在资本市场融资方面的雄厚实力，拓宽开发建设的融资渠道，有利于在市级层面积极引进科技含量高、在行业中具有国际国内影响力的国内外企业地区总部，加快推进桃浦转型升级步伐。

2. 劣势分析

1）转型发展周期长

桃浦地区转型发展周期长，整个开发过程始终面临体制机制不断创新、政策环境不断优化、产业变革不断加深等压力。再加上地处上海中心城区，人口红利、成本红利、政策红利基本消失，新一代技术革命迭代速度加快等不利因素叠加，给未来区域转型发展的科学研判带来一定难度。

2）污染严重

核心区内存在一定程度的土壤和地下水污染（据初步估算治理费用约 16.72 亿元），治理须在项目开工前完成，因此，相比其他开发地区建设成本更高，也给开发建设的时效性带来很大压力。

3）路网不合理

目前核心区路网结构不完善，尤其外部交通通达性不够顺畅，存在"进得来、出不去"的现象，随着区域重点项目的陆续建成，交通设施完善的进度可能赶不上人口不断导入的速度，将给该地区交通带来不小压力。

4）历史包袱较重

项目区开发建设历经四次更名，三次转型，先由村而镇，次由 20 世纪 50 年代市级老工业区调整为都市型工业区，再于 2008 年年底定位为生产性服务业功能区。与之相应，项目区的产业也在不断升级，由第一产业升级到第二产业，再到第三产业中的生产性服务业。历史上三次转型，都是在原有的产业积淀和土地用途相对固化的基础上进行的，因此困难重重，步履沉重。区域周边低端的产业形态和功能业态短时间很难彻底改变，对桃浦科技智慧城整体形象提升会造成一定程度影响。

5）低端物流产业聚集

物流和化工是项目区内的支柱产业，整个园区除了隐性的化工污染外，物流氛围比较浓厚。项目区内停车场主要集中于真南路、武威路和祁连山路沿线，散落大小货运停车场 16 个，占地面积 703 亩。货运停车场和物流配送点的杂乱设置，导致过境车辆（多为集卡）过多，大量超载超限的货运车辆不仅造成了项目区内道路交通阻塞，停车场及周边外来流动人员的增加和无序管理，还极大地制约了项目区的发展。

3. 机会分析

1）上海市提出科创中心战略

上海提出建设具有全球影响力的科技创新中心的发展战略，力争突破目前逐步显现的增长瓶颈，以科技创新激发经济增长的内在动力、活力和潜力。作为普陀区打造“一轴两翼”科创发展空间布局中的“北翼”，桃浦科技智慧城今后将成为上海科技创新中心建设的重要组成部分，因此开发建设迎来了难得的历史机遇期。

2）智慧城市发展空间巨大

智慧城市建设作为经济转型、产业升级、城市更新的新引擎，目前国家已陆续出台了相关政策大力推进，并鼓励各开发地区在城市更新方面先行先试综合管廊、海绵城市等前沿领域。相比已经成熟的开发地区，桃浦科技智慧城在新技术应用方面具有优势，在智慧城市建设方面具有后发效应和示范效应，未来有良好的发展空间。

3）土地价值低估

上海市中心城区的土地相对比较稀缺，近几年的土地供应逐步呈现郊区化分布趋势，主要原因就是中心城区拆迁成本过高。如果能结合中心城区的产业调整和旧区改造机会，以发展的眼光来调整产业，发挥项目的区位优势，才能让项目区被低估的土地价值得以回升。

4. 威胁分析

尽管项目区发展面临着众多机遇和优势，但也面临着不少挑战，主要来自周边地区的竞争对手及智慧城市缺乏成功案例。

(1) 目前国内智慧城市建设方兴未艾、点多面广。据不完全统计，全国已有386个城市提出建设智慧城市，多地已逐步出台了有效的规划、方针和行动计划，珠三角、长三角、武汉城市群、长株潭经济圈都积极投入智慧城市建设中，“产城融合”“智慧城市”理念带来的新一轮城市建设将成为经济发展的新引擎。但是，国内智慧城市建设目前尚未有统一的实施标准，也鲜有成功案例，桃浦科技智慧城将在摸索中前行，未来不可测因素较多。

(2) 桃浦科技智慧城周边开发区密集，虹桥商务区、临空经济园区、嘉定江桥和南翔、宝山大场等各类经济园区以及区内长风生态商务区、中环商贸区等均提出以总部经济、高端服务业、高科技产业为主要发展方向，同质化竞争比较严重。据相关部门预测，国家“十三五”规划期末，浦西商办楼宇将明显过剩，加上桃浦历史上作为污染严重的化工区，急需品牌重塑，“十三五”后期招商引资工作将面临严峻挑战。

（三）项目土地开发战略对策

通过对项目区的SWOT分析，要进一步提升品牌影响力和核心竞争力，必须积极应对劣势因素，扬长避短，重塑优势。

1. 强化后发优势，注重规划引领

作为上海市中心城区范围内最后仅有的可供大规模开发板块之一，后发优势是项目区的最大优势。桃浦如何利用和发挥好后发优势，使桃浦科技智慧城在开发中能更好地避免走上海各大开发区以及国内其他开发区走过的弯路，在代表上海西北门户的桃浦地区不留遗憾，将是此轮开发建设的题中之义。而在充分吸取其他开发区经验基础上进行科学适度超前的规划是项目区实现弯道超车的核心所在。

2. 注重创新驱动，建设智慧城市

项目区应对接上海科创中心建设和普陀科创布局“北翼”发展目标，以智慧城市为内核，以深化智慧应用为主线，前瞻性布局并实施一批重大科研项目和应用项目，建设创新型“智造基地”。积极支持先进科技成果在中央绿地、高端商办、住宅项目等各领域先行先试，综合运用BIM、综合管廊、海绵城市、建筑工业化等前沿领域技术提升开发建设水平。促进信息化与特色优势产业、现代服务业的深度融合。同时，项目区应对标国际一流水平，立足智慧城市建设和产城深度融合，在交通出行、动线走向、办公生活便利化方面加强研判、前瞻布局；高标准配置优质智能小区、商办楼宇和公共服务配套设施，提前规划建设电动汽车充电基础设施等配套设施。把握环境底线，坚持品质优先，允许适度留白，为未来功能提升留有空间。

3. 治理污染，产业升级，提升形象

项目核心区内的土壤和地下水污染以及治理须在项目开工前完成。而作为支柱产业的落后的化工产业，整个园区除了隐性的化工污染外，也给项目形象带来了相当多的负面影响。此外，项目区内集卡停车场和物流配送点的杂乱设置，导致过境车辆（多为集卡）过多，极大地制约了项目区的发展，需要进行产业升级。

（四）小结

本节对项目区所处经济社会背景环境进行了分析，并对土地利用方面存在

的问题进行了剖析。在此基础上进行了 SWOT 分析，指出项目区的优势是后发优势、政府高度重视、开发主体临港集团品牌技术优势、区位优势；劣势是转型发展周期长、污染严重、路网不合理、历史包袱较重、低端物流产业聚集；机会是上海市科创中心战略的提出、智慧城市发展空间巨大、土地价值低估；威胁是智慧城市鲜有成功案例、周边开发区密集。

通过 SWOT 分析，提出了项目区开发战略对策，建议项目区应强化后发优势，注重规划引领；应注重创新，建设智慧城市；必须治理污染，进行产业升级提升形象。

五、桃浦科技智慧城产业定位及土地使用规划研究

（一）项目区形象定位

由于历史原因，项目区内存在大量化工工业，导致污染严重，而低端的物流仓库云集，导致过境车辆多为大型集卡，交通拥堵严重。区域整体形象在上海市中心城区内是典型的脏乱差，因此项目区开发定位是整个项目开发的重点和难点，科学的定位有利于降低项目开发风险，对桃浦科技智慧城整体形象提升有着重要作用。

通过前文的 SWOT 分析可知，项目区需要彻底摆脱原有落后、破旧的形象，打造一个全新的形象，具体来说宜具备以下形象要求。

1. 以新型总部商务、服务经济为主，成为引领上海市中心城区产业升级的典范

由于普陀区在中心城区发展相对落后，如果依托周边现状资源开发本区域，起点过低，难以形成未来的经济增长极，因此必须跳出普陀区现有的产业框架实现腾飞。在开发理念上借鉴国际成熟的工业区改造经验，超越上海本土已有的工业区改造模式，围绕上海产业发展总体目标，聚焦国家战略，打造技术创新力，大力推进产业结构转型升级，培育和发展战略性新兴产业，提升核心竞争力和可持续发展能力。项目区宜利用全面改造这一有利机会，促进产业结构的优化升级和用地效益的大幅度提高，促进产业发展的集群化和品牌化，同时加大产业空间置换力度，为新型总部商务、服务经济的发展腾挪空间，成为引领上海市中心城区产业升级的典范。

2. 注重活力，着力打造生态环境，成为上海市新的城市名片

在产业转型和能级提升的条件下，宜以“产城融合”为主题，聚拢人气、地气、商气，营造 24 小时活力城，促进产业和城市的融合发展。除商务办公区建设外，

还宜完善园区在人才、教育、培训、医疗、居住等方面的配套环境建设，打造宜居、宜产、宜商的综合型园区。同时，依托全新的形象定位，建成后的新桃浦将塑造不断自我完善、推陈出新的城市空间，提供集产业、商业、商务、居住、旅游等功能于一体的充满活力的商务中心、时尚地标、休闲圣地。

营造优美的生态环境是打造高品质形象的重要组成部分，是提高市场对项目区认同度的前提保障。为了彻底改变项目区无序、低端的旧面貌，营造生态环境优良的新局面，项目区需在污染治理、生态建设上下大力气，形成中心城区内绿色环境的标杆。建筑设计与交通规划要充分考虑人与生态的亲密接触，湖水、景观与绿地等生态元素要能够承载主题的实现。在公共设施用地配比中应该适当提高项目区绿化用地、公园用地、景观用地等。

3. 建造智慧城市，塑造引领未来的前瞻性形象

时代瞬息万变，科学、前瞻性的形象定位将遵循城市发展与社会生活规律。体现前瞻性，在开发定位中必须要树立一定的超前意识。未来的城市将青睐更加绿色、智慧的高科技产业，区域宜通过前瞻性的布局，展现未来，塑造引领未来的高端形象。具体来说：① 运用物联网、互联网、云计算、大数据等新一代信息技术来感知、监测、分析、整合城市信息资源，推进智慧城市建设；② 建立智慧城市产业联盟、智慧城市产业基金和智慧城市运营平台公司，发挥市场作用，不断创新合作方式和运作体系，实施多元建设模式；③ 建设国际一流水平的信息通信数据中心、物联网、大数据平台、云计算平台，以智慧政务、智慧产业、智慧民生为切入点，构建智慧城市。

（二）项目区产业定位

1. 项目区产业定位背景及要求

近年来，桃浦地区在全市工作大局地位凸显，上海市委市府、普陀区委区府对桃浦发展定位做出了重要论述，指明了方向。韩正书记调研桃浦地区转型发展时指出，上海已形成以服务业为主导的产业结构，桃浦地区是中心城区的重要组成部分，必须加快转型。桃浦是中心城区难得的最后一块宝地，一定要按照未来中心城区发展的高标准，统筹考虑生态环境、基础设施、产业布局、城区格局，体现上海中心城区核心竞争力。从转型发展方向来说，桃浦地区应坚持浦江两岸的开发标准、现代化国际大都市一流城区的要求，努力打造上海西北中心城区的新地标、产城深度融合的新亮点、老工业转型的示范区。

按照上海市区两级政府的整体谋划，对桃浦科技智慧城产业定位提出了四

个方面的要求。

(1)“园区、社区、城区”三区合一。桃浦地处中心城区，是桃浦科技智慧城的最大优势，也是与临港多数园区的最大不同。相应的，产城融合的内容、物业功能都将有所差别，需要兼顾产业、商业、居住等多种功能，形成工作—生活—休闲—学习融合的格局。虹桥商务区核心区已经基本建成，近十万人在里面工作，由于居住功能不足、对职住平衡问题考虑不够，目前造成了交通拥堵，成为制约发展的重要瓶颈，教训值得吸取。

(2)“形态、业态、生态”三态合一。既按照浦江两岸开发标准进行规划建设，引入先进的建筑理念和技术，打造城市新亮点、新地标，又注重产业能级的提升，集聚城市的经济、科技和文化要素，发展形成高科技产业、现代服务业并重的产业社区，还注重土壤修复、环境打造、氛围生成，形成高品质、高品位的宜居宜业的环境。

(3)“智慧、智能、智力”三智合一。园区管理上突出“智慧”，构建包括有线、无线、物联网等在内的宽带泛在互联的智慧网络，依托宽带网络从而实现人与人、物与物、人与物之间的全面互联互动；产业发展上突出“智能”，摆脱原有的产业布局，导入高新技术企业和现代服务业，形成科技产业链和产业簇群，实施脱胎换骨式的全方位产业转型；人才集聚上突出“智力”，引入核心技术人才、行业领军人才、创新创业人才，通过集聚人才集聚产业。

(4)“实力、活力、能力”三力合一。通过引入高能级产业、标杆性企业，帮助区域做大营收和税收，实现“园区，让城市更有实力”；通过营造创新创业生态系统，吸引年轻人才创新创业、成长成才，实现“园区，让城市更有活力”；通过园区推动地区的功能改造、转型升级，凸显园区的功能和影响力，实现“园区，让城市更有能力”。

2. 项目区产业定位原则

根据上述的桃浦科技智慧城的发展要求，根据技术进步和产业迭代加快的趋势，在产业定位上，一方面，不建议照抄中央、上海提出的产业目录，固化产业定位，而是根据区域价值和功能逐步释放，结合产业导入情况逐步明确；另一方面，明确导入产业方向和路径选择，方便未来的宣传推介和招商服务。

综合而论，桃浦地区的产业定位宜基于以下几点原则：

(1) 基于区位条件的产业定位原则。桃浦位于城市中圈，是科技企业及其相关商务产业的空间集聚区，目标企业包括跨国公司和大型企业研发中心、中小型科技企业，以及为科技企业提供商务服务的企业，如信息技术、风险投资、产权交易、产品设计等领域;桃浦又地处上海中心城区对接长三角区域(江苏省)的门户部位,距离京沪高速入口、上海西站比较近,对于来自江苏省和国内的大型企业研发中心和中小型科技企业、依托“两头在沪”的发展战略,桃浦地区具有独特的区位吸引力;桃浦地区建有中央公园和地区中心,依托良好的生活居住环境和文化医疗设施,可以发展生命医疗、文化创意等适应中心城区特点的产业。

(2) 基于产业基础的产业定位原则。尽管这次产业调整要打破一切条条框框,但基于地缘、人缘、情缘、业缘等多种因素,也会保留、培育、发展一些相关产业。比如,原有桃浦工业区有一些大型市属企业的生产基地,包括华谊集团、上药集团、电气集团、光明集团等,在这些大型国有企业的研发实力助阵之下,能够在新型材料、绿色食品、生物科学、智能科技等领域设置高精尖科技研发中心,把“微笑”曲线的前端后端保留下来。比如,物流仓库和车场正在清理之中,但大型物流企业总部仍然是桃浦的目标企业,与电子商务产业相结合,可能形成新的产业集群。比如,桃浦工业区转型面临着土壤修复的严峻挑战,技术应用的过程也是产业培育的过程,借此机会也能引入环境监测、诊断、修复领域的知名企业,形成国内一流的环境治理产业集群。

(3) 基于城市战略的产业定位原则。面向未来,上海要迈向卓越的全球城市,要建设国际经济、金融、贸易、航运、科技创新中心和文化大都市,成为令人向往的创新之城、人文之城、生态之城;要更加关注人的需求,适应未来生产生活方式转变的趋势,满足人们对生活便利、消费升级、生态改善、健康追求等多方面的新期待。

3. 项目区产业定位建议

根据上述产业定位背景和原则,结合项目区实际情况,对桃浦地区产业定位做如下建议:

(1) 智慧服务。发展以机器人为重点的智能制造产业是普陀区产业升级的重要抓手。普陀区拥有国家机器人检测与评定中心、上海电器科学研究所、上海智能制造及机器人产业园等科研资源、园区平台,桃浦科技智慧城可以围绕机器人、人工智能、语音语义识别、智能电网、智能网联汽车、智能化能源、智能穿戴、3D 打印、无人机等领域,引进总集成总承包、研发设计、供应链管理、检验检测认证等知名企业、服务机构。同时,迎合制造业与互联网融合发展趋势,发展工业互联网与大数据、先进传感器与高端芯片、5G 通信与量子技术、新型显示、网络安全,以及计算机辅助设计仿真、制造执行系统、产品全生命周期管理等工业软件产业,与智能制造产业形成配套,前景十分广阔。

此外,智慧安防也是智慧服务的重要组成部分。随着上海房地产价值的大幅提升,高科技、高附加值的智能安防、智能家居、智慧生活产品将迎来爆发增长期,也将构成地产的核心竞争优势和利润来源。以信息感知和智能应用为先导,发展智能家居、智能装饰、智慧社区产品解决方案等产业,桃浦既有市场应用优势,也有产业基础,应当成为桃浦未来发展的重点产业之一。

(2) 科技服务。科技服务包括科技评估、科技鉴证、技术转移服务、创业孵化服务、标准测试、知识产权服务、科技信息交流与咨询等多个领域。普陀区在未来五年要建设"科创驱动转型实践区",真如城市副中心将打造武宁路为主的科创拓展区。漕河泾正在建设科技服务示范区,打造以科创服务为核心的服务支撑体系,也为桃浦发展科技服务产业提供了重要依托。桃浦科技智慧城可立足专业科创服务,加快打造国内科创服务专业机构集聚地,积极引入国际化的科创服务企业,补足科创服务的短板,为上海市科创中心建设提供支撑。

(3) 生态环保。未来上海要打造"韧性生态之城",依托土壤治理等市场应用先发优势,有可能率先导入先进理念,建立行业标准、使用先进技术,培育市场领先的标杆企业和产业集群。生态环保产业含义很广泛,包括直接对环境媒介进行处理的,如废水处理、废物处理、大气污染控制、消除噪声等方面的服务和产品,还包括针对以上服务和产品生产提供的服务,如分析和检测服务、技术工程服务、环保技术研发,环境核算与法律服务、咨询、培训与教育服务等。在这里面,环境服务行业未来将成为引导环境技术和环境资本市场发展的动力,并通过高新技术和资本的助力,逐步改变环保产业的发展路径。结合桃浦的历史与现状,以及环保产业的高收益的特点,桃浦科技智慧城集聚一批国际性的、国内领先的环保产业领军企业,对该区域土地产出的效益、桃浦地区未来土地的整理释放,以及整体形象的提升都有巨大效用。

(4) 生命健康。从国际发展大势来看,越来越多的风险投资集中于基因建库分析、精准医疗等前沿技术,医学技术、产业变革即将迎来爆发增长期。上海是我国医疗资源最集中、水平最高的地区之一,随着全国社保互联完成,将会成为上海服务全国的最重要的领域。桃浦具有生态人文环境优越的区位条件,具有把全球前沿医疗技术、顶尖医院"搬"到中国的基础条件,可以培育发展特色医疗、靶向治疗、个性化医疗、遗传医学、精准医疗、基因检测等产业,带动医疗服务、健康管理与促进、健康保险等相关服务产业发展。

(5) 现代服务业。基于发展高端商务区的考虑,发展现代服务业比如金融服务业、设计咨询、商务服务、电子商务、工程咨询服务、人力资源服务及新兴业态和新兴产业等产业也是时代的要求之一。从服务业、制造业纳税百强的企业看，排100强前几位的都是银行、奢侈品等行业，如捷豹路虎、欧莱雅、雅诗兰黛等，实际上都算总部经济，也是桃浦招商的重要方向。

（三）项目土地使用规划

从长期来看开发区经济效益、社会效益和生态效益之间具有明显的乘数效应，即三者间的协调可以形成持续不断的发展动力，促进项目区不断发展。在物业配比中，需要兼顾区域形象愿景、产业布局要求、市场需求、建设容量等多个方面的要素。此外，各类物业之间的关联性会形成价值优化，减小部分物业饱和、部分物业大规模空置发生的概率。因此，物业配比必须从区域整体的视角展开，考虑不同物业之间的客流价值链增值规律。

1. 项目区土地现状

规划区域内现状城市建设用地总量为419.84 hm^2，有少量的六类住宅组团用地面积为3.72 hm^2，水域面积约3.76 hm^2。由于现状规划区为工业区，所以现状建设用地最多的为工业仓储用地，面积约240.7 hm^2，占现状城市建设用地的近60%，主要为各类制药厂、仓储物流公司和标准厂房。但在实际使用中，部分项目在工业用地上建商业项目或商务办公楼，如新桃浦商业城、上海机电城、中鑫企业广场、上海九州通大酒店和上海康建商务广场等，体现了区域企业自发转型的趋势。现状居住用地约4.96 hm^2，主要是绿杨新村和东南部的南李苑小区。现状公共设施用地约22.74 hm^2，大部分为商业金融用地、行政办公用地和教育科研用地，主要是上海国际包装印刷城、桃浦镇政府和上海信息技术学校等，主要分布在真南路沿线。近年来规划区内商业办公设施需求逐年提高，规划区内已经增加较多的工业用地上建造的商业办公楼宇。由于缺乏可操作性的开发实施机制，楔形绿地这几年的建设较为缓慢。规划区内仍有较多的低端物流企业设置了大型停车场，大型货运车辆的集中导致了区内交通环境的恶化。

根据现状调查，项目区总占地面积约4.16 km^2；保留物业用地、基础设施用地、公共事业用地约1.2 km^2，其中教卫用地10 hm^2、市政用地8.3 hm^2，绿化用地32.7 hm^2，交通用地18.2 hm^2。从现状情况看，项目区内有多条道路需要打通或拓宽，比如武威路、真南路等；幼托、中小学校、医疗机构不足，若要承载大规模人口导入，这类公共服务设施需增加。因此，基础设施和公共服务设施用地规模必须在现状基础上有所增加。

表1-5所示为现状土地使用构成情况。

表 1-5　现状土地使用构成

用　地　性　质	用地面积/hm^2	占建设用地比例
居住用地(R)	4.96	1.2%
住宅组团用地(Rr)	3.89	0.94%
二类住宅组团用地(Rr2)	2.64	0.64%
三类住宅组团用地(Rr3)	1.25	0.3%
社区服务设施用地(Rc)	1.07	0.26%
公共设施用地(C)	22.74	5.51%
行政办公用地(C1)	3.12	0.76%
商业金融用地(C2)	10.66	2.59%
医疗卫生用地(C5)	0.49	0.12%
教育科研设计用地(C6)	8.26	2%
商务办公用地(C8)	0.07	0.02%
其他公共设施用地(C9)	0.14	0.03%
工业仓储用地(M\W)	240.7	58.37%
绿地(G)	34.17	8.29%
市政公用设施用地(U)	7.41	1.8%
对外交通用地(T)	3.43	0.83%
道路广场用地(S)	98.95	24%
道路用地(S1)	66.65	16.16%
社会停车场用地(S3)	24.09	5.84%
其他交通设施用地(S9)	8.21	1.99%
建设用地总面积	412.36	100%
水域和其他用地	7.48	—
水域 3.76	3.76	—
六类住宅组团用地(Rr6)	3.72	—
规划范围总用地	419.84	—

2. 可利用土地测算

根据现状调查，项目区总占地面积约 419.84 hm^2，其中，建设用地总面积 411.98 hm^2，水域面积 7.86 hm^2；项目区可开发利用土地，必须在现有用地范围内扣减道路、河道、变电站、泵站、污水处理站、景观绿地等基础设施用地，扣减养老院、学校、医院等公共服务设施用地。

项目区的开发必须以改善生态环境为前提，这也是彻底改变区域形象的保障，因此项目区于 2014 年 10 月启动了桃浦地区城市设计方案征集，2015 年 2 月基本完成，最后中标的 HPP 方案——“21 世纪的城市”，提出多样性、开放空间、可达性、灵活性、识别性、低碳生态等六大规划原则指导方案设计。方案形成“1236”的总体空间结构。一个核心区：商、住、文、娱等功能高度混合；二层廊道步行联系，激发城市活力；三条活力带：增加水廊、社区、商业三条活力带联系中央绿地带动地区整体发展；六种街区尺度：营造商务、居住、产业等不同街区氛围。

图 1-2 所示为国际方案征集——HPP 方案。

图 1-2 国际方案征集——HPP 方案

因此根据 HPP 方案，项目区内绿地、公园等绿地面积为 120.48 hm^2，达到总规划面积的 29.2%。而方案中交通设施、公共管理占建设用地比例为 28.5%，此外需扣除教育、文化、体育医疗等用地 4.5%，则项目可供开发的住宅、商办建设用地占比 37.8%，约 155.39 hm^2。

3. 项目土地使用规模

1) 项目区住宅规模

根据《上海市普陀区桃浦科技智慧城控制性详细规划》，项目区规划人口规模为 2.9 万人。规划保留现状住宅 4.3 万 m^2，人口为 0.1 万人；自持住宅人口为 0.4 万人，该部分人口的公共服务设施在本地区配置，基础教育设施等不在本地区配置，但本次设施配套均以高标准进行配置，基本满足该部分人口需求；因此考虑到新增商品住宅人口约为 2.4 万人。

根据项目区人口数进行推算：自持住宅按人均建筑面积 30 m^2 进行估算，0.4 万人需要 12 万 m^2 建筑面积；商品住宅按人均建筑面积 39 m^2 进行估算，2.4 万人需要 93.6 万 m^2 建筑面积；合计 104.4 万 m^2，累加现状住宅面积 4.3 万 m^2，则项目区总住宅建筑面积约为 109.9 万 m^2。

根据《上海市城市规划管理技术规定》规定中心城区内外环之间地区，住宅用地容积率上限为 2.0，可知项目住宅总用地面积下限为 54.95 hm^2。

2) 项目区商办规模

如前文所述，项目可供开发的住宅、商办建设用地约 155.39 hm^2，扣除住宅用地商办建设用规模下限面积后约为 100.44 hm^2。

根据调研，目前上海市人均办公面积约为 25 m^2/人，而商务办公楼就业人口中可导入到周边地区的居住人口约为 25%～30%，本文取中间值 27.5%，如前文所述项目区新增人口 2.4 万，因此可知项目区办公人口约 8.7 万人，需求办公建筑面积 206.1 万 m^2。根据《上海市城市规划管理技术规定》规定中心城区内外环之间地区，商业办公建筑容积率为 1.8～3.5 之间，参照漕河泾新型技术开发区 1.75 容积率的均值，项目区提高办公容积率至 2.5，则土地需求约为 82.44 hm^2。由上可知，项目区商办面积 100.44 hm^2 扣除 82.44 hm^2 办公用地后剩余 18 hm^2，按综合容积率 3.75 计算，可建设商业建筑面积 67.55 万 m^2。

表 1-6 所示为项目区物业配比。

表 1-6　项目区物业配比

	办　公	住　宅	商　业
建筑面积(万 m^2)	206.1	109.9	67.5
用地面积(万 m^2)	82.44	54.95	18
容积率	2.5	2.0	3.75
物业配比结果	53∶29∶18		

由表 1-6 可知，项目区办公、住宅、商业的配置比例大致为 5∶3∶2，与成熟案例的经验的 4∶4∶2 有一定偏差。鉴于 HPP 方案作为项目区城市设计方案

已经编入《上海市普陀区桃浦科技智慧城控制性详细规划》,其中,明确了绿地建设占地面积达 120 hm^2,使得项目区剩余开发的土地出现不足。项目区又承担着上海市中心城区产业更新示范区的重任,产业办公面积需要确保。因此一定程度上牺牲了住宅建筑的面积。

从产城融合的角度,为了避免项目区出现人气不足,进而无法形成"24 h 活力城",希望政府相关部门在项目区进行控规细化时,适当降低办公用地比例,提高住宅用地比例。

(四) 小结

结合前文的 SWOT 分析,明确了桃浦地区宜打造为以新型服务经济为主,注重活力、注重生态环境的新形象,着力建造智慧城市,塑造引领未来的前瞻性形象,成为上海市新的城市名片。在此基础上,根据政府要求及定位原则,提出了桃浦地区宜聚焦智慧服务、科技服务、生态环保、生命健康及现代服务业的产业定位。在项目产业定位基础上,结合 HPP 国际征集方案及项目区控规,分析出实际用于住宅及商办开发的土地面积,再根据控规推导出住宅总建筑面积及用地面积,最后得出办公及商业的建筑面积和用地面积。汇总得出办公、住宅及商业的面积配比约为 5∶3∶2,与经验值 4∶4∶2 有一定偏差,不利于产城融合、增强城市活力,建议后续控规深化或调整时适当提高住宅比例。

六、桃浦科技智慧城土地开发计划及开发规划研究

项目土地开发实施是保障项目区开发顺利开展,打造高品质、有活力、有特色、协调有序、配套健全的生活、工作、娱乐、休闲空间的关键。土地开发步骤、土地开发方式等土地开发计划,土地政策、财税政策、人才政策等招商政策,土地使用规划、城市生态环境规划、道路交通规划、公共设施规划等,对于实现项目区建成上海西北中心城区具有引领性的现代化城区具有深远意义。

(一) 项目土地开发计划

1. 项目土地开发步骤

目前国内主要开发区在土地开发步骤路径方面或多或少存在一些问题,主要表现为:"土地出让先行,配套持续推进"的策略导致地块议价能力较低,土地出让收入与区域潜在价值存在较大差距;"以地块内最佳使用为先"的规划模式

导致城市公共空间碎片化，城市公共空间是建立在各地块内的建筑物规划完成后剩余空间的再利用基础上，使建筑物与公共空间之间很难形成融合性和关联性。

为避免出现类似问题，项目区土地开发宜做到以下几点。

1）分期推进，动态演进

项目区位于上海中心城区范围内，有地铁 11 号线以及规划地铁 15 号线、21 号线和 25 号线贯穿其中，辐射性和通达性有着极大的优势。尽管项目区目前人气不足，但是凭借其交通和区域优势，未来客流潜力巨大。因此，项目区适合以商业和娱乐功能为先导驱动，以聚集人气、增强区域活力；在聚集人气、商气和地气的基础上，推动商务办公物业运作和住宅开发，从而提升各类物业的价值；随后依托便捷的交通条件、浓厚的商办氛围，打造具有特色形态的会展、酒店建筑，推动商贸会展，完善商务功能，进一步提升项目区形象。

根据项目区规模，全部开发阶段可以分成四个部分，推演城市空间逐步开发和生长的过程。

第一阶段为基础设施改造及环境整治阶段。需要完成整体动迁、污染治理、交通疏导及地块划分。在动迁方面，一次性签署动拆迁协议，确定拆迁补偿等条件，根据后续建设进度分期拆除。根据 TOD 理论，通过路网的合理规划和布局，使每个地块有较好的交通可达性，有助于提升土地价值。在交通疏导和地块划分方面，两者应相协调，以路网和公共交通线路合理划分界限，形成融合但功能各有突出的功能片区。

第二阶段为商业娱乐驱动发展阶段。根据先易后难的原则，确立相对成熟或核心区优先开发，降低实施难度。区域内地铁 11 号线祁连山路站距离市中心最近，其开发条件和开发环境较稳定，实施难度较小，易于达到预期效果。根据 TOD 理论，公共交通系统的节点是形成土地差价的有力突破口，在地铁出口、主干道沿线建造商业项目，可以充分发挥公共交通的优势。因此，选取近祁连山路地铁站周边地块，先期启动商业娱乐项目开发，营造人气，进而形成项目区商气和地气带动周边土地升值，为后期建设的综合目标实现夯实基础。

第三阶段为研发办公驱动发展阶段。按照联动推进的原则，开展北部产业研发功能区办公楼宇的建设。为形成“产城融合”的精明增长态势，应同时加快住宅、医院、学校等配套建设，合理混合利用项目区内土地，丰富城市功能，提升整体的服务水平，迅速提高项目区内土地价值。

第四阶段为商贸会展驱动发展阶段。完成武威路地铁站周边地块开发建设。以高端展示平台为抓手，打造具有鲜明形象特色的展馆、酒店等，提升项目区形象。

2）配套提前，完善城市功能

项目区土地再开发强调集居住、商业、办公、休闲、娱乐为一体，就必须注重基础设施和公共配套的投入。在开发节奏上，可先行建设市政道路、景观绿化、水电煤等管线网络，形成完善的市政基础设施系统，率先改善区域形象并为后续开发创造基础条件；后续适时介入教育、医疗、公共交通等公众服务设施的建设并重点扶持、资助此类公共设施，提供优惠并鼓励社会公益设施尽快完善，以尽快弥补该区域长期缺失的城市功能。

这种做法有利于项目区域整体形象及环境水平的快速提升，增强招商引资的力度及居住的吸引力，盘活整体区域的土地市场，为提高后续土地出让价格提供有力推手，从而获取更为广泛的社会投资以及后期建设的机会。

以区域主干道的改造为例，主干道作为项目区的交通干道，尽早建设不仅有利于迅速提高区域的对外交通可达性，为后续建设提供最为根本的交通基础，且交通干道的建成可形成区域空间的天然分割，有利于后续各个区块的定位、划分和开发。

3）中央公园先行，树立区域形象

从优化局部生态环境看，项目区内污染土地严重破坏了区域环境形象，降低了区域生活品质，公园绿地系统是城市生态系统中具有自净能力的关键部分，对于改善生活环境质量、调节小气候等都起着十分重要的作用。

从提升区域综合经济实力的角度看，通过兴建中央公园可以进一步增加人流总量，集聚更多的人流、物流和信息流，从而增强项目区综合经济实力，提升土地价值。从增强区域综合服务功能的角度看，通过兴建公园不仅可以产生集聚作用，而且可以起到缓解庞大的人流对交通、卫生、管理等方面产生的压力。从

图 1-3　桃浦中央公园效果图

增强改善综合发展环境看，通过兴建大型城市公园，无论对商厦写字楼的员工、商务人士、外来的消费者，还是当地的居民，都可以营造赏心悦目、视野开阔的氛围，对于营造经营、购物、居住环境都将起到积极促进作用。

4）统筹不同物业开发节奏，实现系统性生长

项目区内部各类丰富的业态形式相辅相成、形成有效互动并满足配套需求上的互补，在内部人流与商贸流之间的强交叉影响下，形成最大限度的资源共享和价值支撑系统，实现自我促进与更新。一方面，办公楼宇内的商贸人流会对商业、住宅和酒店等产生配套需求，酒店的商旅客流和住宅内的居民对区域内的商业也有配套需求；另一方面，产业导入人口是项目区住宅的重要客源，区域的商贸人士是酒店和商业的重要客源，而区域内的商贸人士、商旅人士和居民则是商业的重要客源。

因此各类物业之间除了规模配比问题，还存在开发先后的时序问题。开发过程中必须针对地块的使用性质和用途综合考虑地块的开发对后续土地的开发收益造成的影响，结合开发时市场对不同物业的需求情况，实现区域开发价值最大化。

2. 项目土地开发建设计划

1）项目开发周期

从国内外城市CBD开发规模及周期看（表1-7），开发如桃浦科技智慧城项目区的规模一般需要15～20年，而区域建设成熟需要25～30年时间。区域开发周期受多种因素决定，包括宏观经济形势、本地房地产市场供需情况、政策支持力度、融资能力、市政设施发展情况、地形和地质情况、环境质量情况等。在项目区土地污染整治达标的基础上，本着稳步推进、高品质建设的原则，综合已有的实践经验和项目区自身优劣势，确定项目区的开发周期为15～18年。

2）项目区土地收储计划

自2013年下半年开始，随着桃浦停车场的关闭，以及一系列评估准入工作的开展，桃浦地区“轰轰烈烈”的收储工作正式拉开序幕；2014全年完成土地收储约960亩（含就地转型），累计完成土地收储约1 450亩，收储比例达到应收储面积的30%；2015全年完成土地收储约1 000亩（含就地转型），累计完成土地收储约2 450亩，收储比例达到应收储面积的55%，这也是桃浦地区土地收储工作的关键一年；2016全年完成土地收储逾1000亩（含就地转型），累计完成土地收储约3 500亩，收储比例达到应收储面积的约80%。

截至 2016 年底，项目区已经完成 80%的土地收储，为项目区的开发建设打下了坚实的基础。为了确保项目在 15 年内基本建成，需要在 2017 年基本完成土地收储面积的 95%，2018 年和 2019 年集中解决历史遗留问题，彻底完成土地收储工作。

表 1－7　案例 CBD 开发规模与周期

城　　市	用地面积 /km^2	开发规模 /万 m^2	开发强度	开发周期 (年)
巴黎拉德芳斯	1.6	250	1.6	30
东京新宿	1.6	200	1.3	30
东京涩谷	2.7	700	2.6	25
上海陆家嘴	1.7	400	2.4	15～20
北京 CBD	4.0	1 000	2.5	15
深圳福田	6.0	750	1.3	10～15
广州天河	1.6	300	1.8	15
重庆江北嘴	1.6	600	3.8	15
上海虹桥商务区核心区	1.4	170	1.2	10

3) 市政基础设施建设计划

为落实“配套提前，完善城市功能”的开发步骤，项目宜在 2020 年之前完成或开工建设主要交通干线及配套公共服务设施的建设。

(1) 市政交通方面：如表 1－8 所示，市政道路结合相关地块开发建设，分批分段完成相关路段建设；交通设施，建设一批公共停车场和公交枢纽、公交首末站等交通设施；市政立交，建设外环线金昌路立交及金昌路匝道辟通工程；结合新开道路实施综合管廊建设，结合中央绿地湖泊、规划河道和排水系统推进海绵城市建设。

表 1－8　市政基础设施建设项目推进表

序号	项目名称	具 体 实 施 项 目	进 度 安 排
1	市政道路	古浪路(南何支线—真南路)	2018 年前开工建设 2022 年前完成建设
		敦煌路(桃惠路—真南路)	
		敦煌南路(真南路—金昌路)	

续　表

序号	项目名称	具 体 实 施 项 目	进 度 安 排
2	市政道路	景泰路(桃惠路—金昌路)	2018 年前开工建设 2022 年前完成建设
		武威路(祁连山路—外环立交)	
		真南路(古浪路—外环立交)	
		永登路(祁连山路—真南路)	
		皋兰山路(真南路—武威路)	
		武山路(真南路—外环立交)	
3	市政立交	沪嘉高速抬升	2020 年前启动
		外环线—金昌路立交	2018 年前开工建设 2022 年前完成建设
		祁连山路—金昌路匝道	
4	交通设施	新增停车泊位 100 个	
		公交枢纽 2 处、公交首末站 1 处	
5	海绵城市	推进排水系统和下凹绿地建设	
		启动中央绿地湖泊和规划一号河、二号河等水系沟通工程	
6	综合管廊	结合道路建设实施	
7	其他设施	1 座 110 kV 永登路变电站	2017 年新建

注：第 2—5 项数据来源《普陀区城区建设和管理"十三五"规划综合交通重大建设项目一览表》

(2) 公共服务设施方面：如表 1－9 所示，为了加快弥补长期以来桃浦地区公共服务设施配置不足的"短板"，开工建设一批文化设施(美术馆、图书馆、社区文化中心)、体育设施(体育场地、健身馆)、医疗福利设施(综合性医院、卫生服务站点、养老院、社区托老所)和教育设施(小学和完中)，基本建成中央绿地地下空间标志性的文体结合设施。

表 1－9　公共服务设施项目推进表

序号	项 目 名 称	具 体 实 施 项 目	进 度 安 排
1	文化设施	2 个区级文化设施(美术馆、图书馆)和 1 个社区文化中心	2018 年前开工建设
2	体育设施	1 个区级体育场地和 1 个社区级健身馆	2018 年前开工建设

续 表

序号	项 目 名 称	具 体 实 施 项 目	进 度 安 排
3	医疗福利设施	1所综合性医院,2个卫生服务站点、1个养老院和1个社区托老所	除综合医院启动外,其余2018年前开工建设
4	教育设施	1所72班小学和完中	2018年9月前建成
5	中央绿地地下空间公共服务设施	标志性的文体结合设施	2018年前开工建设

4) 中央公园建设计划

通过中央公园的建设将对优化局部生态环境优化,改善生活环境质量,提升区域综合经济实力,增加人流总量,提升土地价值,增强改善综合发展环境等方面起到非常积极的作用。

因此,确立了"2017年基本建成、形态初现"的建设目标,按此目标,如表1-10所示中央绿地项目分为地上景观和地下空间及地上构筑物两部分实施,2017年底基本建成武威路以北地块的景观工程,2020年基本完成中央绿地整体景观及地下空间工程。

表1-10 中央绿地建设进度表

序号	名称	类型	项 目 地 址	项目摘要	开工日期	竣工日期
1	中央绿地一期	景观绿化	620(天光化工厂、热力1号站),610(焦化厂)	占地面积约4.41 hm^2	2016年4月	2017年7月
2	中央绿地二期	景观绿化	609(金环公司、橡胶四厂、创想园)	占地面积约5.7 hm^2	2016年7月	2017年12月
3	中央绿地三期	景观绿化	610(轮胎厂、兴润园)620(牡丹油墨、白象电池)	占地面积约10.87 hm^2	2016年7月	2017年12月
4	中央绿地四期	地下空间A	607	建筑面积约3.68 hm^2	结合土地收储情况	工期28个月
		地下空间B	608	建筑面积约6.93 hm^2	结合土地收储情况	工期22个月
		地下空间C	614	建筑面积约11.38 hm^2	结合土地收储情况	工期35个月

5）土壤与地下水污染治理计划

土壤与地下水污染治理对于改变项目形象，尽快启动项目区建设有着至关重要的作用。项目区需按照“处置技术环保、处置过程科学、处置费用可控”要求，科学、系统、综合地开展场地环境污染治理。以“分期推进，地块打包”的方式采用区域内异位修复、区域外集中修复的模式开展土壤修复治理，采用现场原位或异位处理模式开展地下水修复治理。其中，中央绿地实施重污染土堆山冒封工程。修复地块和完成进度见表 1－11。

表 1－11　土壤污染治理计划表

序号	项目地址	项目摘要	预计工程费用(万元)	开工日期	竣工日期
1	620、610、603、607、621、613、654 地块	污染土壤修复工程量为 779 019 m^3，地下水修复工程量 260 902 m^3	89 989	2016 年 4 月	2016 年 12 月
2	539、609、608、623、655 地块	污染土壤修复工程量为 217 652 m^3，地下水修复工程量 87 047 m^3	25 814	2017 年 1 月	2017 年 12 月
3	622、614、616、658 地块	污染土壤修复工程量为 27 330 m^3，地下水修复工程量 36 732 m^3	6 328	2018 年 1 月	2018 年 12 月
4	604、601、611、615 地块	污染土壤修复工程量为 102 215 m^3，地下水修复工程量 140 080 m^3	20 915	2019 年 1 月	2019 年 12 月
5	605、606 地块	污染土壤修复工程量为 8 542 m^3，地下水修复工程量 12 714 m^3	1 710	2016 年 7 月	2016 年 12 月

（二）项目开发规划研究

通过对国内外相关案例的研究发现，国内各个开发区在园区设立之初或多或少受限于规划理念落后等历史原因，均留下了不少遗憾，突出表现在规划理念落后、生态建设不足和道路交通缺陷等几个方面，以下从这几个方面进行具体论述。

1. 生态环境规划

项目区现状主要表现为环境污染严重，面貌较为脏乱，基础设施空白。城区存在不同程度的污染企业，生产过程中产生大量的废水、废气，导致区域异味污染严重，干扰周边居民的正常生活。平日人行车流混杂、集卡横行、交通拥堵、尘土飞扬，环境较为脏乱。此外桃浦地区公共绿地缺乏，分布不均。城区内的公共绿地以草坪、整形灌木、行道树为主，局部土壤污染较严重处为杂草丛生的闲置荒地。现状公共绿地缺乏，并且分布不均。城市道路与主要的中央绿地的关系复杂，多条东西向城市道路横穿过中央绿地，将地块切为零碎的块状，破坏公共绿地的整体性和连通性。

1）绿地规划

（1）规划原则。在保持绿地总量不变的前提下，增强绿地的生态可持续发展、公共活动功能，提升区域的整体品质，将绿地由周边调整为以中央绿地为主的多功能绿化生态体系。为此提出以下三条规划原则：

一是秉承生态低碳原则。秉承生态保护、低碳节约的原则，生态设计将贯穿整体设计之中，考虑景观水系具有湿地调洪功能，遵从自然法则，在满足防汛需求的前提下，提供亲水游憩、休闲娱乐、生态观赏等景观风貌。

二是鼓励公民参与原则。充分鼓励公民参与，形成互动联动机制，满足附近居民、办公人群以及其余地区的游客休闲、游憩、健身等多样活动需求，营造市民公共活动需求场地、空间和氛围。

三是凸显文化特色原则。通过景观营造、植物种植、技术处理等方式体现城区的文化特色，结合整体空间布置，营造开、敞结合，竖向变化丰富的文化活动空间，以节假日、时令节日开展特色活动，吸引城市人流，形成城区特色。

（2）绿化系统构架。规划通过南北向的中央绿地和沿主要河流的东西向的滨水绿带，联通北部的南大绿地系统、东部的楔形绿地和西部沿外环绿带，使上海市中心城西北部的绿地生态形成网络和体系。

智慧城区的整体绿化系统是以中央绿地为核心，塑造类型多样、生态功能完善、空间网络贯通的生态空间结构。通过绿色廊道，加强中央绿地向周边城区渗透，促进绿城融合。

规划绿地总面积为 120.48 hm^2，占城市建设用地比例为 29.2%。在整体的绿化构架下，不同尺度的生态斑块与线性廊道连通形成多样化的生境，满足不同物种生存与迁徙的需要。其中，核心斑块包括中央绿地、滨水绿地和防护绿地；线性廊道包括景观大道、林荫大道和行道树绿带；微型斑块则包括社区公园和街边绿地。

（1）核心斑块。绿色生态网络系统中的核心斑块主要由中央绿地、滨水绿带以及防护绿带组成。

中央绿地：呈 L 形，沿敦煌路—景泰路分布，跨越七个街坊，总面积约

50 hm^2。通过绿地与地标建筑相互衬托，在永登路—敦煌路形成桃浦智慧城的核心景观。中央绿地公共活动设置以游憩、健身、娱乐、体验为主，周边设置商业及休闲餐饮配套功能，通过开放式管理使内外部功能有效衔接。

滨水绿带：依托新开一号河、李家浜形成两条滨水景观廊道，用地合计约 10 hm^2，与中央绿地形成连续的环形绿地。以绿地为基础，形成完整连续的慢行系统，通过地下步行通道、生态连廊等手段减少穿越中央绿地的城市道路对慢行系统的影响。

防护绿地：沿沪嘉高速公路、外环线、南何支线和金昌路绿地以防护绿地为主，防护绿地面积 32.45 hm^2。

(2) 线性廊道。城区绿化系统中的线性廊道主要由景观大道、林荫大道和行道树绿带组成。

景观大道：敦煌路东侧建设南北向中央绿地，形成区域内重要的绿色景观轴线，依托武威路形成城市景观轴线。

林荫大道：南北走向的真南路、敦煌路和祁连山路，东西走向的金昌路、古浪路以及真南路南侧形成三纵三横的林荫大道，营造良好的城市生态绿化氛围的同时，通过快速、慢速、自行车和步行等活动系统组织，打造丰富多样的空间景观线性活动廊道。

行道树绿带：玉门路和皋兰山路，永登路、武威路和常和路则作为主要行道树绿带，由纵向联排乔木带构成空间基底。

(3) 微型斑块。绿化系统中的微型斑块由面积在 1 hm^2 以内的社区公园和街边绿地组成，沿洛门路和皋兰山路、绿芳路、桃清路和绿松路等形成总共 12 处微型斑块，面积为 5.6 hm^2。

社区公园：为了鼓励人们由室内走向室外，城区绿化系统通过设置均衡分布的社区公园系统，为周边居住区的市民、产业研发区以及商业商务区的办公人群塑造多层次、人性化的空间尺度和宜人的微气候空间，并与整体绿化系统构成类型多样、网络连续的绿化空间网络。

街边绿地：开放性较强，利用景观家具、环境设施合理划分街道步行空间和停留休憩空间，有效将室内外空间融合，聚集人气，创建高品质休闲场所，提高地块周边活力，并与滨河绿带、林荫道串联成点线面结合的绿化网络。

2) 其他规划

(1) 绿色环保：绿色环保必然是桃浦科技智慧城开发建设的一大重点方向，建议桃浦可以从两个维度来打造现代化绿色智能型城区。

绿色生活：一方面，建议将低碳社区的概念融入城市开发过程中，通过对道路两侧的各式围墙实施垂直绿化工程改造来增加新城绿量，以此提高社区品质和价值；另一方面，通过采取节能减排措施来实现绿色生活，如将区域内建筑照明和景观照明采用节能灯具和智能化控制技术，采用公共道路照明—风光互补绿色能源系统，绿地景观用水采用微喷灌技术等。同时加强对雨水的综合利用，利用区域内绿化，规划地下调蓄池，将屋面、绿地和路面的雨水径流通过处理后进行收集利用。

绿色能源：建议桃浦在能源供给上采用冷热电三联供分布式能源技术或冷热联供技术替代集中供热，综合利用多种清洁能源技术，实现对供热系统的补充和替代。同时，可利用诸如大温差运行方式开发利用低品位热能，以此满足不同用户对于冷、热、电的差异化需求，最终建立智慧能源网，提高系统能效。

(2) 水环境：建议在污水处理上效仿其他园区的先进经验，采用雨污分流的排水体制，建设覆盖全区的环保基础设施，并密集定点安装污水管网成分构成(TOC)在线监测系统，进行覆盖区域内水质远程监控，实时获取污水处理情况及水质情况，从水质处理的源头上减少污染乃至消除污染，以节约污染治理的末端成本，以此逐步建立起以环境保护规划为依托、以环保基础设施建设推广为抓手、兼顾污染源头控制与全生命周期治理的新型环境保护体系。

(3) 声环境：在桃浦科技智慧城开发过程中，为有效减缓区域主干路、次干路道路交通噪声对两侧一定范围内的敏感建筑造成负面影响，建议充分考虑道路两侧敏感建筑退界(表 1-12)。

表 1-12　声环境建筑退界建议

建筑与道路条件	退界距离建议
沿高速及高架道路两侧的新建敏感建筑(如新城东西两侧的小学、初中、医院，以及北部的住宅区域等)	其沿祁连山路、威武路以及沪嘉高速主线边缘线后退距离不小于 30 m，沿高架道路匝道边缘线后退距离不小于 15 m
主干道两边的建筑	住宅南侧或正对主干道的，(如中央绿地两侧住宅区)不应小于 30 m；住宅两侧和背面对主干道的，不应小于 15 m
次干道两边的建筑	住宅南侧或正面对次干道的建筑，不应小于 20 m；住宅两侧和背面对次干道的建筑，不应小于 10 m

(4) 固体废物：对于规划区域产生的一般工业固废，建议对具有回收利用价值的，通过供应商回收再利用或委托专业单位实现资源循环利用；对不能回收利用的工业废物委托有资质单位进行焚烧或填埋处置。若在西部和北部的研发区

域中，涉及生物研发试验过程中产生可能携带有害细菌、病毒等的固体废物，需委托专业单位进行处理。对于园区内产生的其他危险废物可以委托具有危险废物经营许可证的单位处置。

2. 道路交通规划

1) 规划原则

围绕桃浦智慧城“打造21世纪的城区形象”的总体发展目标，构建以人为本慢行优先的具有“密”“窄”“弯”特征的道路网络，打造小尺度街坊。

(1) 进一步提高道路网络的密度。结合城市设计方案，对支路网进行加密，同时增加地块内的公共通道，并通过附加图则形式予以控制确保实施。加密后，桃浦智慧城道路网密度达到12.64 km/km^2。

(2) 结合建筑退界，一体化设计道路断面，减少道路红线控制宽度。在满足交通功能的前提下，缩减道路红线宽度。缩减真南路、敦煌路等主次干道的红线宽度，支路红线宽度由20 m缩减至14～18 m，并结合道路两侧建筑退界一体化设计道路断面，加强道路两侧联系。

(3) 减少道路转角半径。从节约集约用地、倡导慢行优先、确保交通安全的角度出发，桃浦智慧城控详尝试在《上海市控制性详细规划技术准则》基础之上创新，借鉴英美等发达国家的经验，研究在不同交通管制条件下平面交叉口的安全视距，同时结合交通管理需求及道路交通组织，包括大型机动车和消防车辆组织，优化交叉口转角圆曲线半径取值，从而高效节约集约用地。优化后交叉口转角红线圆曲线半径取值与《上海市控制性详细规划技术准则》相比，下限取值均减少了5 m。

(4) 完善地区干道网络。通过真南路、古浪路与外环高速(S20)联系，从而进入上海市域快速道路交通网络；通过真南路、古浪路、祁连山路，加强与上海市中心城区、嘉定区、宝山区等区域的联系，从而形成功能上的区域联动与协调发展。

2) 道路系统规划

道路系统规划目标是完善对外通道构建，加强区域的可达性；加密城市支路网，构建高密度的路网系统；构筑适宜的支路道路宽度，通过采取交通宁静化措施，尽量减少交通噪声对居民的影响，创造亲切的人行空间，增加适宜城市公共活动的生活性街道。

规划区域内城市道路规划分为快速路、主干路、次干路、支路四级。快速路道路红线宽度70～100 m，主干路道路红线宽度36～70 m，次干路道路红线宽度28～44 m，支路道路红线宽度14～40 m。规划以干道为基本骨架，形成方格状路网。

(1) 快速路：是城市的骨架，是连接各区县及中心城的快速通道，具有容量大，行车速度快的特点，主要承担中长距离过境交通。技术标准：设计车速 80～100 km/h。规划道路断面双向 4～8 车道，中央设隔离带。规划对沪嘉高速进行改造，新建沪嘉高架快速路，增加沪嘉快速路服务桃浦智慧城的东向匝道。

(2) 主干路：是交通性干道，主要承担长距离的客货交通。为防止机非干扰，应设机非分隔带使机非分道行驶。技术标准：设计车速 60～80 km/h。规划道路断面为四块板，中央设 2～3 m 隔离带。规划区内主干路有沪嘉高速地面道路、祁连山路、真南路、武山路、绿芳路。

(3) 次干路：具有集散交通和直达交通两大功能，次干路不但要承担机动车交通，还必须承担自行车交通，行人交通。技术标准：设计车速 40～50 km/h。机非车道分离，规划道路断面为三块板。规划区内有金昌路、古浪路、武威路、敦煌(南)路等。规划红线宽度 28～44 m。

(4) 支路：主要满足交通可达性需要及多样性需求，一般为机非混行道路。技术标准：设计车速 30～40 km/h。规划区内有常和路、永登路、景泰路、山丹路、桃惠路、皋兰山路等。规划红线宽度 14～40 m。

经规划，区内规划道路面积 113.69 hm^2，规划道路面积率为 27.5%，规划道路长度 53.05 km，规划道路网密度为 12.64 km/km^2，干道网密度为 4.9 km/km^2，支路网密度为 7.74 km/km^2。

3) 交通组织规划

(1) 机动车及货运交通组织。规划在桃浦智慧城构建两层机动车保护环线。

一级保护环线为：外环线(S20)—沪嘉高速(S5 高架/地面)—祁连山路—金昌路，该环线等道路是地区主要的对外交通通道，地区通过这些道路实现长距离、过境性、大型货运交通的分流。

二级保护环线为：真南路—古浪路—祁连山路，该环线是地区分离中长距离交通、中等货运车辆，二级保护环内以“公共交通＋慢行交通”为主导方式，二级保护环内实行货运交通车辆限行措施。

通过对城市路网体系的合理分级，改善枢纽区域的城市及交通功能。为保证地区路网的畅通，可结合道路限制条件、交通需求以及交通组织管理需求等多方面的综合考虑设置专用通道，并设置一般交叉口、限速限时交叉口、限制左转交叉口等措施确保交叉口区域路网的畅通。

(2) 慢行交通组织。在城市生活型道路中，优先安排步行和非机动车交通，完善慢行交通系统。在非机动车交通层面，按照以人为本的原则，规划利用城市支路系统、街坊小区内部景观及绿化通道以及滨河道路多位一体的布局，形成一个线路便捷、环境舒适的非机动车交通网。在步行交通层面，规划则着重坚持“可达性、舒适性、换乘便利性”的原则，依托轨道交通车站、地面公交枢纽形成的交通枢纽，完善由城市干道两侧的步行道、城市支路、过街设施等组成的步行系统，串联各种公共设施、公共交通站点及住宅街区，规划形成地下步行交通系统及区域内良好的步行环境。以人为本，建立相对独立、舒适、安全的慢行交通网络，突出方向性和连续性。根据功能不同，慢行网络由各类道路和过街设施构成，可分为慢行通道、慢行专用通道两类。

慢行通道主要包括含有慢行设施的道路。桃浦智慧城按照较高的标准规划慢行交通设施。尤其是慢行优先区域内都保持较宽的慢行道宽度，包括步行道宽度和非机动车道宽度。同时，结合建筑退界空间，构建舒适宜人的慢行设施和空间。慢行专用通道主要包括立体过街设施、地块和公园内的慢行专用通道。桃浦智慧城考虑在大型交通枢纽、商业集聚地区和公园等对景观要求较高地区规划设置慢行专用通道，构筑环境适宜的慢行交通系统，确保交通安全。以行人优先的原则，加强慢行系统与公共交通系统的接驳。在主要的公共交通枢纽和轨道交通车站，规划设施公共自行车租赁点。在人流量较为集聚的过街通道，规划立体过街行人设施，确保行人的安全和舒适。

3. 其他规划

1）综合管廊规划

（1）目标：为全面贯彻落实关于加强城市地下管线建设和提高城市综合管廊工程建设标准的指示，根据住建部的文件要求，在具备条件的城市结合新区建设、旧城改造、道路新（改、扩）建，在重要地段和管线密集区建设综合管廊。而桃浦科技智慧城作为创新转型、智慧生态的示范区，建设综合管廊具有可推广可复制的引领作用。综合管廊规划应在功能与经济的平衡中确定布局方案，以达到辐射最广、体系完善、功能齐全的目标。

（2）规划：考虑结合地下空间的开发和轨道交通的建设敷排综合管廊。敷排综合管廊的道路有古浪路、敦煌路、景泰路等。管廊的断面涉及纳入管线的种类、数量以及运行安全等多种因素，并需经过技术经济综合分析后确定。纳入综合管廊的管线有电力管线、通信管线、给水管、直饮水管及供能冷热水管等。为便于对区域内的管廊进行总体监控，规划并在绿芳路东、古浪路北结合教育科研设施设置控制中心。

2) 海绵城市规划

(1) 目标：建设具有自然积存、自然渗透、自然净化功能的海绵城市是生态文明建设的重要内容。桃浦科技智慧城开发建设贯彻海绵城市建设理念，从源头削减、过程控制和末端处理三个方面控制雨水径流总量、径流峰值和径流污染。规划区域海绵城市建设目标：年径流总量控制率为80%，对应设计降雨量为26.7 mm；设计重现期为100年一遇的最大24小时降雨，不形成内涝灾害，即路面积水深度不超过0.15 m，同时居民住宅和商业建筑物底层不进水；年悬浮物(SS)总量去除率为50%。

(2) 规划：桃浦科技智慧城海绵城市规划方案具体包括低影响开发雨水系统、城市雨水管渠系统和超标雨水径流排放系统三个部分。低影响开发雨水系统通过采用透水铺装、绿色屋顶、下沉式绿地、生物滞留设施、植草沟、雨水罐、雨水蓄水池和雨水调蓄池等技术。居住小区和公共建筑以透水铺装、绿色屋顶、下沉式绿地、雨水罐和雨水蓄水池为主；城市道路以透水铺装和下沉式绿地为主；中央绿地以下沉式绿地、生物滞留设施、植草沟、绿色屋顶和透水铺装为主；水系以生态堤岸、植草沟、生态河道为主。

雨水管渠系统承担低影响开发系统以外的雨水收集、输送与排放，主要包括雨水排水系统和雨水调蓄池及雨水泵站两个部分。超标雨水径流排放系统主要应对超过雨水管渠系统设计标准的雨水径流，主要包括下沉式广场、下沉式运动场等。当雨水流量超过设计值时，工程采用合适的技术措施使超量雨水进入超标雨水径流排放系统中以满足临时防汛要求。

3) 分质供水规划

规划采用分质供水，考虑居民和公建生活用水中的饮用和厨用采用直饮水，而洗浴、洗衣、冲厕、卫生和浇花其他用途的生活用水采用一般自来水。直饮水厂拟与中央绿地下的地下空间结合设置。直饮水厂拟设置在武威路南侧，敦煌路以东，与中央绿地下的地下空间相结合，占地面积约500 m^2。规划沿武威路、皋兰山路、景泰路、桃惠路、乐创路等道路敷设DN150－DN300直饮水管。

4) 供能系统规划

(1) 目标：分布式能源站根据用户对能源的不同需求，在区域能源中心内可在发电的同时充分利用余热，综合解决区域内建筑的电、冷、热需求，能源利用效率可达80%以上。同时对城市大电网进行有益补充，提高能源供应安全性；减小天然气和电力调峰压力，实现能源互补；实现环境效益，减少二氧化碳排放。供能规划以提高安全可靠性为首要原则，统一规划、分步实施，确保能源供应工艺科学、运行可靠、节能经济为规划设计目标。

(2) 供能范围：根据分布式能源站建设的经验，本规划中供能范围只包含科研设计、商务办公以及商业服务区域，其他区域暂不予考虑。

(3) 规划：区域内拟在真南路以北、绿芳路以西，永登东路以南、绿棠路以东共建设两座分布式能源站，建设方式可与地下空间结合，除少量设施设置在地面上，其余设施尽量布置在地下。供能冷热水管线主要沿古浪路、永登路敷设，拟结合综合管廊或布置在道路绿化带下。

(三) 项目智慧城市规划研究

1. 智慧城市概念及其发展

在20世纪90年代，美国就通过城市信息化改革(数字城市)提升了运营效率。1998年，艾伯特·戈尔提出了数字地球(Digital Earth)概念。2004年，韩国信息通信部提出“U-Korea”战略。2005年，“克林顿全球倡议”资助了思科进行研发智慧城市技术。2008—2009年，IBM提出了“智慧地球”理论。学术界对于“智慧城市”的定义和解读各有不一。

IBM认为，“智慧城市是利用信息和通信技术去感知、分析、整合城市运行中的核心关键信息的一种体系”；英国政府认为，“智慧城市是一个发展的过程而非一个静态的结果，在这一过程中，增长的市民参与度、硬件基础设施、社会资本、数字技术让城市变得更加宜居”；美国加州理工学院认为，“智慧城市就是通过不断的努力，利用信息技术对所在地区人们的生活方式和工作方式进行本质的转变而非增量的变化。”

综合而言，笔者认为，智慧城市就是在最大化地利用信息通信技术以及物联网技术，在云计算、大数据等新兴技术基础上，推动经济发展、提升居民生活质量和优化城市管理，形成一个互联互动的城市。从整体战略来看，就是要通过智慧的打造，使城市里各种设备、服务能够通过整合的无线网络，相互连接、互相融合。从规划框架看，尽管各城市要求不同，但都包括政府、企业、公众三大运营主体，产业、民生、政务应是智慧城市关注的三大领域。

目前智慧城市的发展仍处于探索阶段，即使从全球来看也没有公认的最佳实践(图1-4)，但随着IBM等跨国公司的推动，已在全球范围内引起了智慧城市建设热潮。智慧城市的建设在国内也已快速扩张，但截至目前各城市尚处于摸索阶段，尚未出现最佳实践。智慧城市建设面临着如缺少统筹管理、过于重视硬件建设、没有统一整合、缺乏合理的商业模式等问题，亟待解决。

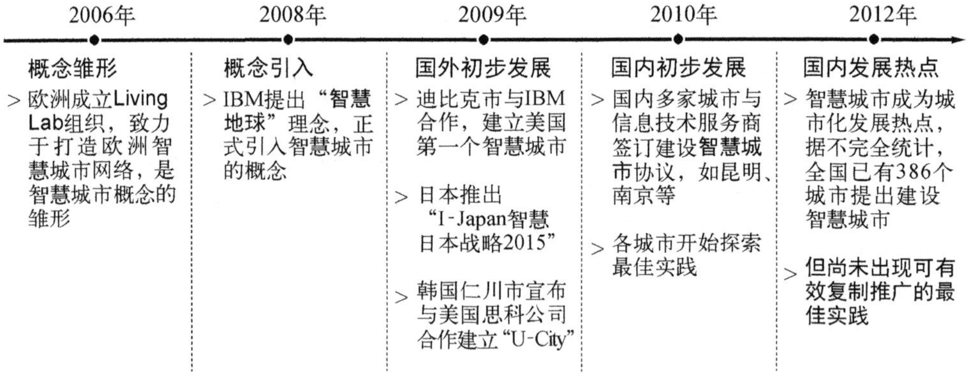

图 1－4　国内外智慧城市发展示意图

2. *智慧城市规划愿景及目标*

尽管智慧城市建设尚未出现最佳实践，但是桃浦地区发展建设成为数字、绿色、开放、创新的智慧城市，成为上海中心城区具有引领性的现代化城区，建成具有集聚和辐射力的科技智慧城，成为中国乃至全球科技智慧城标杆的目标仍然是清晰的。

由此本文认为桃浦智慧城市战略愿景应为：数字、绿色、开放、创新。“绿色”直接体现“绿色低碳”的核心发展理念，有助于实现“生态绿地”核心功能，实现可持续发展；“数字”“开放”和“创新”呼应了“产城融合”和“人性化”理念，将助力“总部商务”“科技研发”核心功能建设。愿景的四个关键词相互补充，综合体现“三态合一”。

在明确战略愿景的基础上，桃浦智慧城市战略发展目标设定为：

(1) 政府方面注重绿色安全：打造廉洁勤政、务实高效，提供绿色安全的环境。通过智慧城市建设推动政府工作透明度，提升政府工作人员的勤政务实作风与工作效率，为城市提供绿色、安全的基础环境。

(2) 企业方面注重科研创新：以科技研发为主导，促进新兴产业与创新创业企业发展形成以智慧安防、智能环保节能、生命健康、文化休闲四大产业为主导的新型产业体系；促进创新创业型企业与服务性企业等新兴产业体系发展。

(3) 居民方面注重以人为本：建立文明生活、节能减排、循环经济的人性化宜居城，打造全国领先的高质量人口社区，实现文明生活、节能减排和循环经济；实现可获得、可体验、带来满足感的宜居城市。

在战略发展目标的基础上，从基础设施到实施应用应该具备以下特点：

(1) 开放动态。桃浦科技智慧城智慧城市组成模块应具有动态可拓展性，是一个开放、可编程、可迭代更新的平台。同时智慧城市作为平台基础设施可部分开放给社会，企业与居民可根据自身需求在平台基础设施上开发功能应用。

(2) 层次有序。桃浦科技智慧城智慧城市建设各组成模块相互关系梳理清晰，基础设施与系统应用模块层次明了；各组成模块之间有序协作，协同促进智慧城市整体战略愿景落地。

(3) 实时感知。桃浦科技智慧城智慧城市体系应实现整个城市数据信息的实时更新，并采用可视化的展示工具，授权访问者可通过移动终端设备等进行随时随地的数据获取与感知。

3. 智慧城市规划建设内容

为了实现战略目标，成体系的建设必不可少，而虚拟平台(图 1-5)的建设将是智慧城市的核心亮点，还需考虑智慧城市建设内容与信息架构。数字化是桃浦科技城智慧城市的核心优势与对外展示窗口，其中虚拟城市同步更新物理世界变化，并将智慧应用内容反馈至物理世界，其整体体系是一个统一的平台，通过智慧城市操作系统来与桃浦科技智慧城进行现实对接。

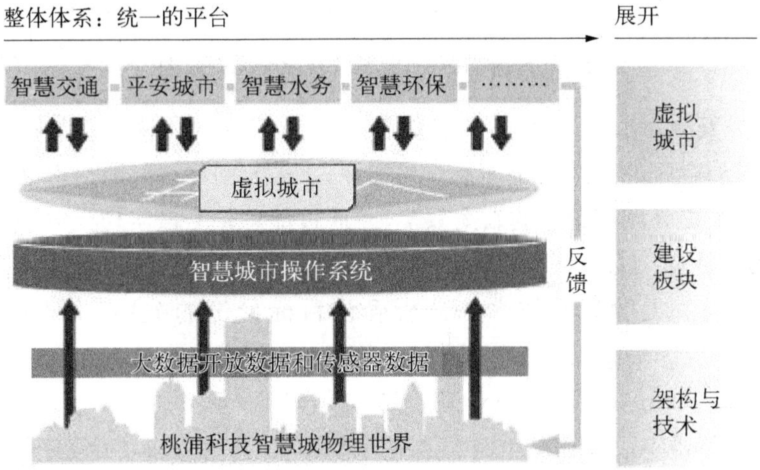

图 1-5　桃浦科技智慧城虚拟平台系统

在虚拟平台的统一管理下，智慧城市的建设要进一步细分为若干个模块。

(1) 智慧交通系统应通过多样化感应器与无线技术，将车与车、车与人、车与基础设施联系起来，形成智能互动的行车体系。利用先进、前瞻的规划理念与软硬件技术，打造自动驾驶化共享交通工具体系。下一代安全驾驶支持系统是方案中的关键要素之一，它通过出厂时内置的车载单元接受道路传感器发出的周围车辆和行人信息，辅助驾驶员提前反应，避免人车、车车碰撞。智慧交通系统可分为信息采集、运营子中心、基础智能应用、高阶智能应用四大层次模块，通过子系统运营处理中心与其他系统相连(图 1-6)。

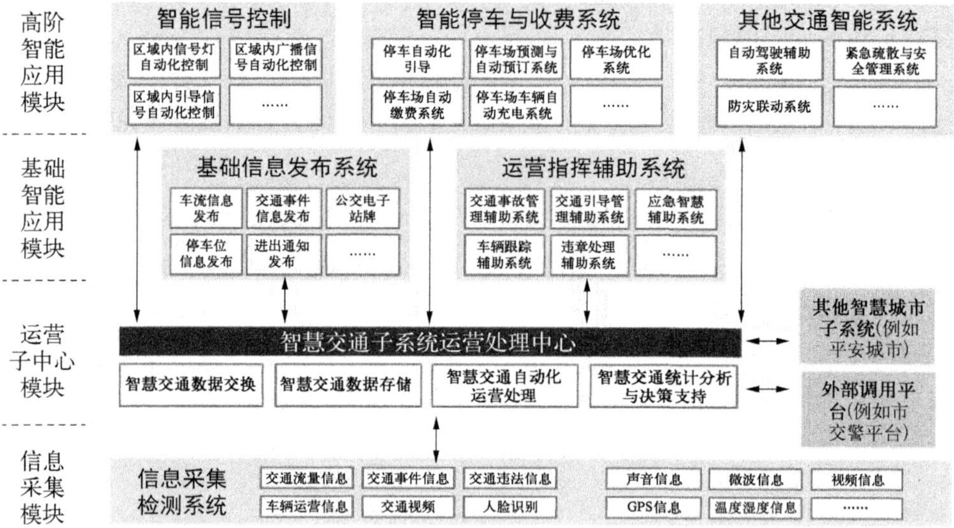

图 1-6　桃浦科技智慧城智慧交通系统图

(2) 平安城市系统综合运用物联网技术、通信技术和地理信息技术构建反应迅捷、联动有序的智慧安防体系。可以采用最新的人脸识别技术准确识别安全隐患，大大提高城市警务的破案效率，并通过信息化手段实现火灾预防和救灾全过程的智慧化。高清可快速移动的摄像头用于保证动态环境下的图像质量并协助追踪目标，人脸识别技术是分析确认目标身份的关键。平安城市系统(图 1-7)可分为信息采集、运营子中心、基础智能应用、高阶智能应用四大层次模块，通过子系统运营处理中心与其他系统相连。

(3) 智慧楼宇系统主要涵盖了楼宇管理自动化、信息自动化、安防自动化等模块，实现楼宇内部统一的智慧生态。可以通过分析传感器收集的数据驱动执行器实现自动化控制系统；信息自动化系统使得智能楼宇可以在娱乐休闲、商务办公、远程教育等领域拓展更多尖端应用。技术需求上，AR 技术可以实现超越现实的感官体验，网真娱乐的互动性与即时性；传感器网络 Zigbee 技术帮助连接各种家庭设备，具有成本、能耗、兼容性和安全性的优势。智慧楼宇系统(图 1-8)可分为信息采集、运营子中心、基础智能应用、高阶智能应用四大层次模块，通过子系统运营处理中心与其他系统相连。

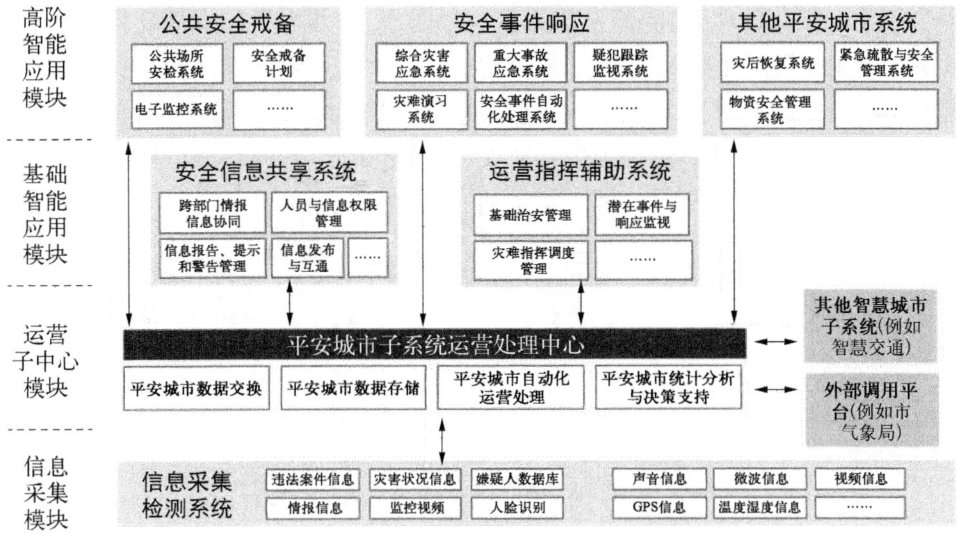

图 1－7　桃浦科技智慧城平安城市系统图

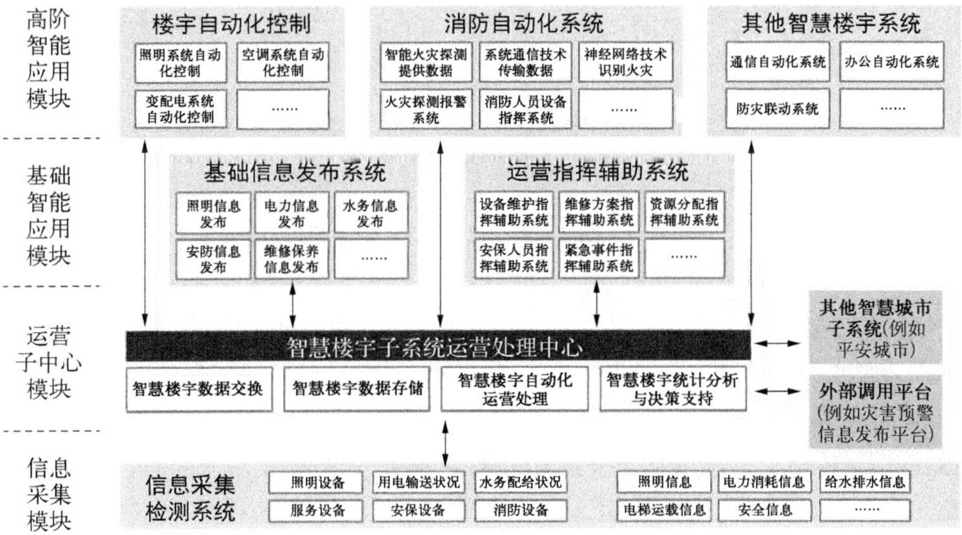

图 1－8　桃浦科技智慧城智慧楼宇系统图

(4) 智慧教育系统贯穿学校课堂与家庭教育场景，打破时空局限，提供丰富多样量体裁衣的教学体验。从学校教育场景看，智慧教育让每一名学生可以获得个性化定制化的教育体验；从家庭教育场景看，智慧教育的发展使得灵活、高质量的自主学习触手可及。虚拟现实技术在教学上可以达成认知事实、模拟体验和训练技能的学习效果；自然人机交互技术使机器人更符合人的交流习惯。智慧教育系统(图 1-9)可分为信息采集、运营子中心、基础智能应用、高阶智能应用四大层次模块，通过子系统运营处理中心与其他系统相连。

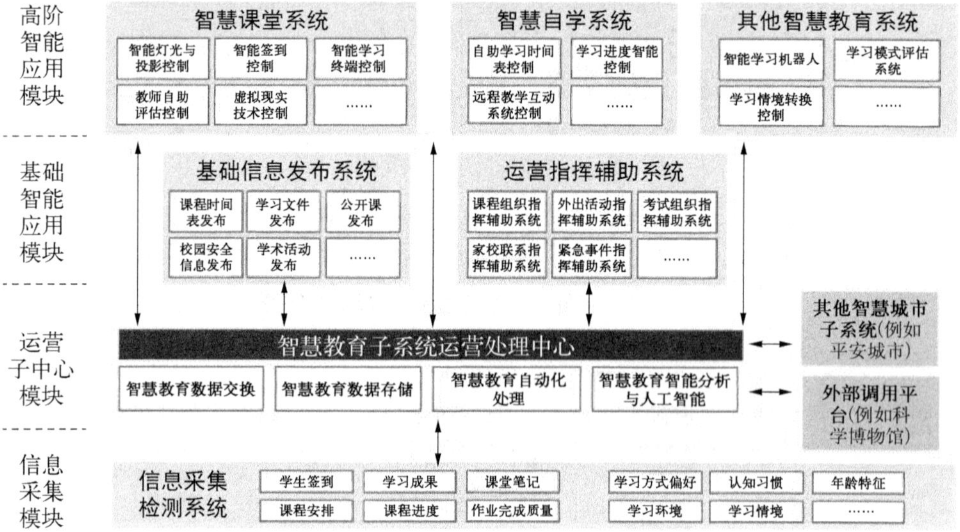

图 1-9　桃浦科技智慧城智慧教育系统图

(5) 智慧环保系统包括城市环境质量监控、污染源监测与控制、环境智能化管理等环节。可以通过智慧园林实现自然环境的智能监测与管理，同时用移动互联网将连接人与自然；通过智慧水务打通水务板块之间的数据、应用与决策，实现智慧水务一体化。三维和时态 GIS 技术突破单一空间模型，丰富地理现象的表达，在污染的检测和控制应用广泛；遥感技术通过接收电磁波信息加工成像，在对环境状况的探测识别中应用频繁。智慧环保系统(图 1-10)可分为信息采集、运营子中心、基础智能应用、高阶智能应用四大层次模块，通过子系统运营处理中心与其他系统相连。

(6) 智慧能源系统利用 ICT 和 IOT 技术对公共、企业、家庭用能进行实时监控、分析和优化处理，以提高能源利用效率。利用先进、前瞻的规划理念与软硬件技术，可基于智慧城市平台打造智慧家庭能源系统；在公共服务领域，可以

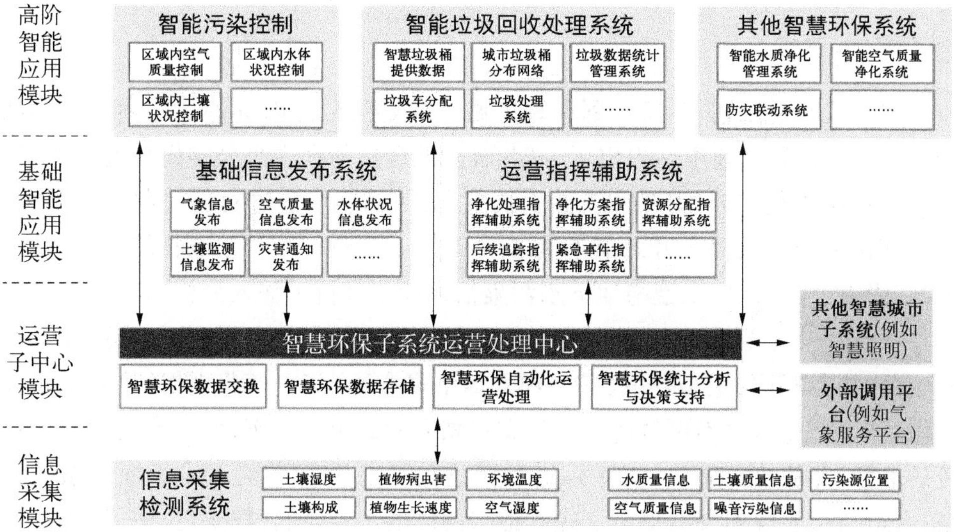

图 1-10　桃浦科技智慧城智慧环保系统图

通过公共交通、慢行交通及道路附属设施打造智慧低碳交通体系。技术需求上，分布式发电系统是方案中的关键要素之一；另一个要素是具有选择性透过膜、能量控制器等多重功能的复合太阳能墙，是太阳能与建筑一体化理念的建构基础。智慧能源系统（图 1-11）可分为信息采集、运营子中心、基础智能应用、高阶智能应用四大层次模块，通过子系统运营处理中心与其他系统相连。

图 1-11　桃浦科技智慧城智慧能源系统图

（四）小结

本节从开发计划、开发规划和智慧城市规划三个方面进行了论述。在详细的土地开发计划之前本文提出了分期推进、配套提前和中央公园先行的思路，统筹不同物业开发节奏，实现系统性生长。在此基础上，通过对标案例 CBD 的开发周期初步确定项目区开发周期为 15～18 年，并进一步对土地收储、市政基础设施、中央公园建设、土壤与地下水污染治理计划进行了深入分析。

项目开发规划是一个重要议题，是开发区城市规划的重要组成部分，涉及产业定位、物业配比、生态环境、交通规划等诸多方面，其中产业规划、物业配比前文做了专门论述，故不再赘述。在生态规划方面提出了低碳、公民参与和文化特色的原则，并从核心斑块、线性廊道和微型斑块三个层系统论述了绿化系统构架；在道路交通规划方面提出了提高道路网络的密度、结合建筑退界一体化设计道路断面、减少道路转角半径和完善地区干道网络四个原则，并从快速路、主干路、次干路和支路构建了道路系统。

智慧城市规划是本文的题内之意，尽管目前智慧城市尚无明确的界定，也无成型的案例可供参考，但是本文从智慧城市的概念入手，提出了桃浦地区智慧城市建设的战略目标和愿景，并提出了虚拟平台的建立，最终将智慧城市建设规划细分为智慧交通、平安城市、智慧楼宇、智慧教育、智慧环保及智慧能源共六个模块。

七、结论与展望

（一）结论

对桃浦科技智慧城土地开发的研究，主要运用了理论与实践相结合的方式进行，通过对国内外相关案例的分析，总结出经验规律。在此基础上运用 SWOT 分析法，提出强化后发优势、建设智慧城市、治理污染及产业升级的战略对策。提出桃浦地区宜以新型总部商务、服务经济为主体，注重生态环境，聚焦智慧城市，塑造引领未来的前瞻性形象。结合政府要求，基于区位条件、产业基础、城市战略的产业定位原则，建议桃浦地区宜以智慧服务、科技服务、生态环保、生命健康以及现代服务业为产业定位。另外，对控规中土地利用提出了适当提高住宅比例加强产城融合的建议。

对土地开发计划的研究侧重实施路径，提出分期推进、配套提前以及中央公园先行的开发步骤，并细化了土地收储、市政建设以及污染治理计划。土地开发规划方面，从核心斑块、线性廊道和微型斑块三个层系统论述了绿化系统构架，从快速路、主干路、次干路和支路构建了交通系统。另外，从智慧城市的概念入手，提出了桃浦地区智慧城市建设的战略目标和愿景，并提出了建立虚拟平台的建议，最终将智慧城市建设规划细分为智慧交通、平安城市、智慧楼宇、智慧教育、智慧环保及智慧能源共六个模块。

（二）展望

由于笔者的知识、资源以及能力有限，对桃浦科技智慧城土地开发的研究还不够全面，有疏漏之处，尚有需要进一步深入的几个方面。

(1) 由于项目中央绿地中标方案已经编入控规，项目区又承担着上海市中心城区产业更新示范区的重任，产业办公面积需要确保，因此一定程度上牺牲了住宅建筑的面积，建议政府相关部门在后期控规优化调整过程中适当增加住宅比例。

(2) 截至本文写作时，智慧城市目前尚无明确的界定，也无成型的案例可供参考，尽管提出了一个平台加六个模块的实施路径，但随着科技的不断进步，相关研究的不断深入，研究的结论有可能需要随之进行调整。

参考文献

[1] 吕雄鹰.基于路网容量限制的控规土地开发强度研究——以上海轨交17号线嘉松中路站为例[J].交通与运输(学术版),2014,(01): 1-5.

[2] 谷一桢,郑思齐.轨道交通对住宅价格和土地开发强度的影响——以北京市13号线为例[J].地理学报,2010,(02): 213-223.

[3] 赵亚莉,刘友兆.城市土地开发强度差异及影响因素研究——基于222个地级及以上城市面板数据[J].资源科学,2013,(02): 380-387.

[4] 赵亚莉,刘友兆,龙开胜. 城市土地开发强度变化的生态环境效应[J].中国人口·资源与环境,2014,(07): 23-29.

[5] 吴娟.上海城市边缘区的特征研究[J].上海城市规划,2013,(01): 93-99.

[6] 徐伟,汤庆园. 对中国城市土地开发管治的思考[J].开发研究,2014,(02): 24-28.

[7] 庄少勤.上海城市更新的新探索[J].上海城市规划,2015,(05): 10-12.

[8] 杨帆,许晶,路静,吕贵雪.上海城市土地空间资源潜力、再开发及城市更新研究[J].科学发展,2015,(11): 34-41.

[9] 黄琪,亢智毅.工业遗产保护和再利用的策略与实践——英国城市经验对上海的启示[J]. 新建筑,2014,(02): 78-81.

[10] 黄静，王诤诤.上海市旧区改造的模式创新研究：来自美国城市更新三方合作伙伴关系的经验[J].城市发展研究，2015，(01)：86 - 93.

[11] 张尚武，陈烨，宋伟，马强.以培育知识创新区为导向的城市更新策略——对杨浦建设“知识创新区”的规划思考[J].城市规划学刊，2016，(04)：62 - 66.

[12] 宗轩，肖韡.工业建筑遗存更新中激发社区活力之设计策略研究——以上海三个工业厂区更新为例[J].城市建筑，2012，(08)：73 - 76.

[13] 陶希东.新时期香港城市更新的政策经验及启示[J]. 城市发展研究，2016，(02)：39 - 45.

[14] 唐晓宏.城市更新视角下的开发区产城融合度评价及建议[J].经济问题探索，2014，(08)：144 - 149.

[15] 张源.非出让为主的土地开发模式设计——以深圳前海为例[C]//中国城市规划学会.城市时代，协同规划——2013，中国城市规划年会论文集(06 -规划实施).北京：中国城市规划学会，2013：11.

[16] 朱炜钦.杭州市余杭区工业园区再开发策略研究[D].杭州：浙江大学，2014.

[17] 程里.上海市漕河泾新兴技术开发区发展战略研究[D].上海：上海交通大学，2011.

[18] 彭芳乐，赵景伟，柳昆，李佳川.基于控规层面下的 CBD 地下空间开发控制探讨——以上海虹桥商务核心区一期为例[J].城市规划学刊，2013，(01)：78 - 84.

[19] 谢添，杨丹，胡红波，何书申.上海临港地区海绵城市低影响开发规划探索[J].中国市政工程，2016，(04)：53 - 55＋103 - 104.

[20] 罗翔.上海张江高科技园区规划实施效果评估研究[J].规划师，2012，(11)：112 - 116.

[21] 陈阳. 基于城市设计的中心商务区实施状况研究[D].上海：同济大学，2008.

[22] CARLEY M, KIRK K. Sustainable by 2020?: A Strategic Approach to Urban Regeneration for Britain's Cities[M]. Bristol: The Policy Press, 1998.

[23] BEAUREGARD R A. The textures of property markets: downtown housing and office conversions in New York City [J]. Urban Studies, 2005,42(13): 2431 - 2445.

[24] SOOD S C, PATTINSON H M. Urban renewal in Asia-Pacific: A comparative analysis of brainportsfor Sydney and Kuala Lumpur [J]. Journal of business research, 2006, 59 (6): 701 - 708.

[25] COUCH C, FRASER C. Introduction: the European context and theoretical framework [J]. Urban regeneration in Europe, 2003: 1 - 16.

[26] MCGAHEY RICHARD M, JENNIFER S. Retooling for growth: Building A 21st Century Economy in America's Older Industrial Areas [M]. Brookings Institution Press, 2008.

[27] 吴放.基于可持续宜居城市发展的 TOD 城市空间设计策略研究[D].杭州：浙江大学，2014.

[28] 姜冬冬.中心城区转型升级的经济学分析[D].上海：上海社会科学院，2015.

[29] 刘冬华.面向土地低消耗的城市精明增长研究[D].上海：同济大学，2007.

[30] http://baike.baidu.com/link? url=QgaitWmqa5fT6DT5gt87gaI0sY8HjZcfRLkh5XfBuX_t-nQ17KAia8NuVgWZdDCWiMxRH52hC8VHnBguGFALTfZA28kYBsaHuKEP_e0vtoh

ke0qUxwyqYPyWC1WfCUeN
[31] 张心盼.基于新产业区理论的曹妃甸工业区建设研究[D].南宁：广西大学，2008.
[32] 同济大学经济与管理学院.桃浦科技智慧城开发研究[R/OL].2013.
[33] 上海市城市规划设计研究院.上海市普陀区桃浦科技智慧城（W06－1401单元）控制性详细规划修编[R/OL].2016.
[34] 黄书强，王高才，单志广，等.智慧城市中无线网络节点部署优化方案研究[J].计算机研究与发展，2014，51(2)：278－289.DOI：10.7544/issn1000－1239.2014.20131041.
[35] 高志远，姚建国，郭昆亚，等.智能电网对智慧城市的支撑作用研究[J].电力系统保护与控制，2015，(11)：148－153.
[36] 张振刚，张小娟.智慧城市系统构成及其应用研究[J].中国科技论坛，2014，(7)：88－93.
[37] 胡丽，陈友福.智慧城市建设不同阶段风险表现及防范对策[J].中国人口·资源与环境，2013，23(11)：130－136.
[38] 史璐.智慧城市的原理及其在我国城市发展中的功能和意义[J].中国科技论坛，2011，(5)：97－102.
[39] 许晔，孟弘，程家瑜，等.IBM“智慧地球”战略与我国的对策[J].经济参考报，2010，(4)：20－23.

第二篇

住房价格对家庭金融资产配置影响的研究

童　林

一、绪论

（一）研究背景

家庭资产配置是传统投资组合研究在家庭金融学领域的延伸。家庭金融概念由 Campbell 于 2006 年在美国金融年会上提出，其与公司金融类似，研究家庭在各种条件的约束下如何通过金融投资策略达到家庭资产效用最大化的目的。由于家庭的行为难以精确量化，同时家庭面临固定消费支出、收入的不稳定性和借贷的限制等制约因素，家庭金融领域相比于资产定价和公司金融领域，其研究难度更大。资产配置研究主要研究资产组合选择问题，投资者会在资产表现和安全性的预期中，进行合理的资产配置。

近年来，家庭资产配置成为研究的热点，国外学者以西方发达国家的金融数据为基础，对家庭资产配置进行研究，发现年龄、资产总值、收入风险、资产流动性、税收政策、投资信息、教育程度和住房持有等因素会影响家庭资产配置。同时，研究发现家庭在资产配置过程中，存在"资产配置之谜"现象。"资产配置之谜"指家庭在资产配置中将资产较多地配置于住房资产，较少地配置于金融资产，资产结构不合理的现象。

我国家庭资产配置研究由于缺乏数据，进展缓慢。2010 年，中国家庭金融调查与研究中心成立。该中心自 2011 年开始每两年进行一次系统性家庭金融数据调研，范围遍布全国，截至目前已经有三期调研数据公布，住房资产、金融资产和工商业资产等是我国家庭主要持有的资产。近年来，我国住房市场迅速发展，住房资产的增值导致我国家庭持有的住房资产比例高于其他国家。同时，我国金融市场发展缓慢，金融产品良莠不齐和金融投资门槛较高等因素导致我国家庭持有金融资产比例低于其他国家。相比于西方发达国家，我国"资产配置之谜"现象更加突出。

近年来，上海市住房市场繁荣发展，家庭所持有的住房增值带来的家庭财富增加对我国家庭资产配置产生了显著影响。上海市户籍家庭，一方面受益于上海市住房市场快速发展的红利，另一方面受到上海市住房市场严厉的调控政策所限制，其持有住房数量通常为1～2套，住房交易频率较低，住房总资产增值速度较快。

基于上述情况，住房价格既能有效反映住房市场变化，又能有效反映家庭住房资产波动的情况。住房价格的变化改变了家庭资产数额和结构，同时也对家庭金融资产的配置产生了影响。本文希望对该现象进行相关研究，以管理学、经济学和社会学等学科知识为基础，选择合适的方法，选取合适的变量，对住房价格对家庭金融资产配置的影响进行探讨，针对我国家庭金融资产配置所面临的问题提出相关建议。

（二）研究目的与意义

1. 研究目的

家庭是社会经济活动的微观主体，资产是家庭投资者参与社会经济活动的物质基础。合理的家庭资产配置不仅能有效满足家庭的消费需求，还能提升家庭财富。然而，全球范围内“资产配置之谜”现象广泛存在，家庭资产配置效率较低。我国由于住房市场和金融市场发展落后于西方发达国家，资产配置不合理的情况更加严重。

近年来，家庭资产配置研究成为研究热点，部分研究开始关注住房对家庭金融资产配置影响。住房资产和金融资产作为家庭资产配置中两个重要的组成部分，两者之间相互影响，共同对家庭资产结构和配置产生影响。目前学者对住房变量的研究主要集中在家庭是否持有住房和家庭住房资产占总资产比例两个方面。住房价格相比于家庭是否持有住房和家庭住房资产占总资产比例，能更加直观地反映住房市场的变化和家庭住房资产的变动情况。

本文以住房价格变量为切入点，将住房市场、金融市场与家庭资产配置相结合，通过定性与定量相结合的研究方法，探索家庭资产中住房资产和金融资产之间的关系。

2. 研究意义

中国家庭资产主要由住房资产、金融资产、工商业资产和其他资产等不同类型的资产组成。住房资产和金融资产作为家庭资产中最重要的两个部分，对家庭资产数额和结构均有显著影响。本文通过对我国家庭资产中的住房资产和金融资产的相互关系进行研究，寻找影响我国家庭资产配置的因素，对我国家庭资产配置出现的问题提供相关建议。

我国市场经济发展比较落后，居民的福利保障水平较差，金融投资手段局限等因素导致住房在家庭资产中的平均比重高于世界水平。同时，我国金融市场发展滞后，金融产品种类较少，金融市场的监管体系不够完善和参与金融投资的门槛较高等问题对我国家庭参与金融投资产生的负面影响导致我国家庭资产配置中的金融资产相对较少。

本文以上海市户籍家庭为研究样本，针对我国家庭资产中住房资产和金融资产的相互关系进行探索。结合传统家庭资产配资研究模型，引入住房价格这一与市场密切联系的变量，探索其对于家庭金融资产数额、家庭金融资产结构和家庭参与金融市场的情况。在模型研究的基础上，进一步将住房市场和金融市场进行结合，通过敏感性和周期性分析深入挖掘我国家庭资产配置中住房资产和金融资产的联系，并针对目前上海市户籍家庭金融资产配置出现的问题提供相应的政策建议。

研究住房价格对家庭金融资产配置的影响为研究家庭资产配置提供了一种新的思路。相比于传统研究思路，其与市场结合更加紧密，能更有效地探索我国快速发展的住房市场和金融市场对家庭资产配置的影响。

（三）研究思路与研究方法

1. 研究思路

本文以上海市户籍家庭为研究样本，通过比较分析和构建模型等方法定性与定量相结合探讨了住房价格对家庭金融资产配置的影响。住房价格一方面能有效反映上海市户籍家庭的住房资产变化情况，另一方面能直观地反映家庭投资者因为住房资产变化而产生的心态变化。针对住房价格对家庭金融资产配置的影响情况，本文通过比较尝试，最终采用多元线性回归模型、Tobit 模型和 Probit 模型三类模型分别针对住房价格对家庭金融资产数额、家庭金融资产结构和四类不同投资性金融市场（股票、基金、理财产品和保险）参与情况进行了分析研究。在模型研究的基础上，本文对研究结果进一步挖掘，探讨我国住房价格对家庭金融资产配置的深层次原因，分析目前我国家庭资产配置中存在的局限性，并针对性地提出了整顿调控住房市场、发展金融市场、完善社会保障体系和改善投资者心态等政策建议。

2. 研究方法

1）文献研究法

文献研究法是本文所采用的最为基础的研究方法。通过广泛阅读国内外相关文献，本文对国内外研究家庭资产配置的情况进行了分析和梳理，比较分析近年来国内外家庭资产配置研究的最新动态，明确了该领域的研究前沿。同时，笔者还阅读了大量住房、住房市场和金融市场等相关文献，明确研究变量的意义。最终通过文献研究界定研究思路与框架，找到研究切入点，明确研究目的和意义。

2）实证研究法

本文针对上海市户籍家庭的资产配置情况进行实地调研，通过走访家庭和网上问卷相结合的方式直接获取数据。将数据进行整理和分析，了解到上海市户籍家庭资产配置的基本情况，并得到初步结论，实证研究的结果是后续研究的基础。

3）定性研究法

定性研究法通过以我国住房市场、金融市场和家庭资产配置的相关理论和事实为基础，演绎推导住房价格波动对上海市户籍家庭金融资产配置影响情况。本文的定性研究以大量统计数据为基础，并结合自身的调研数据进行综合分析，挖掘住房价格对家庭金融资产配置影响情况。

4）模型模拟法

模型模拟法指通过建立相关数学统计模型，模拟相关研究现象。近年来国内外针对住房资产配置研究所提出和应用的模型众多，本文经过分析比较选用了多元线性回归模型、Tobit 模型和 Probit 模型三类模型分别针对住房价格对家庭金融资产配置不同方面的影响进行模拟，并得出相应的结论。模型模拟能通过基础数据发掘相关因素之间深层的联系，对于分析家庭资产配置有重要意义。

5）定量分析法

定量分析法对于住房价格对家庭金融资产配置影响程度的研究具有重要意义，本文运用定量分析法既对相关统计数据和调研数据进行探讨，又对模型模拟的数据结果进行深入挖掘。定量分析能够更加精确地分析住房价格对家庭金融资产配置的不同方面的影响情况，并且能够深入发掘其中的内在影响关系。

（四）研究内容和框架

1. 研究内容

一是对本文的目的、意义、思路、方法、内容、框架和创新点等基本情况进行了总结和说明。

二是对家庭金融资产配置国内外相关文献进行分析和梳理，总结我国家庭金融资产配置研究的发展与现状，并将其与西方发达国家进行对比；分析了家庭资产配置中住房资产的特殊性，针对住房资产对家庭金融资产配置的影响进行了深入的分析；总结了国内外研究家庭金融资产配置的常用理论、模型和方法。

三是对我国家庭金融资产配置情况进行梳理，分析我国家庭资产配置现状；比较了国内外家庭住房资产和金融资产的情况，针对住房资产和金融资产的联系进行深入探索。

四是以问卷调研为基础，分析梳理了上海市户籍家庭资产配置的基本情况；通过分析、尝试和比较不同的研究模型，选择合适的模型从不同的方面针对住房价格对家庭金融资产配置影响进行分析研究；结合住房市场和金融市场对模型结果进行分析，解释实证模型所反映的问题。

五是在模型研究的基础之上，通过敏感性和周期性分析对实证结果进行深入挖掘，总结我国家庭投资者在家庭资产配置中存在的问题。针对这些问题，本章提出相关政策建议，对家庭资产配置进行合理引导，优化家庭资产结构。

六是对全文进行总结，并提出研究中的不足以及未来可能的研究方向。

2. 研究框架

本文首先通过大量的文献资料阅读，总结家庭资产配置研究的进展，针对家庭资产配置中住房资产、金融资产及其相互关系进行梳理。其次，收集整理调查问卷，通过描述性统计的方式，对上海市户籍家庭资产配置情况进行分析。再次，选择多元线性回归模型、Tobit 模型和 Probit 模型三类模型分别针对住房价格对家庭金融资产数额、家庭金融资产结构和四类不同投资性金融市场（股票、基金、理财产品和保险）参与情况进行分析探究。最后，在模型分析的基础上，对住房价格的波动性和周期性进行进一步分析，总结家庭投资者在家庭资产配置中存在的问题，针对问题提出相关政策建议。研究框架如图 2-1 所示。

（五）概念界定

资产配置：资产配置指投资者将资产在不同类型投资产品之间进行分配。家庭金融资产配置是家庭资产配置的一部分，指家庭投资者将资产配置于不同类型金融产品。本文结合调研数据，通过金融资产数额、金融资产结构和家庭参与金融市场情况三个方向来研究家庭金融资产配置。

住房价格：本文中所有提到的住房价格均指家庭住房每平方米的平均价格。住房价格是一个比较宽泛的概念，在不同语境下有不同的指代。住房每平

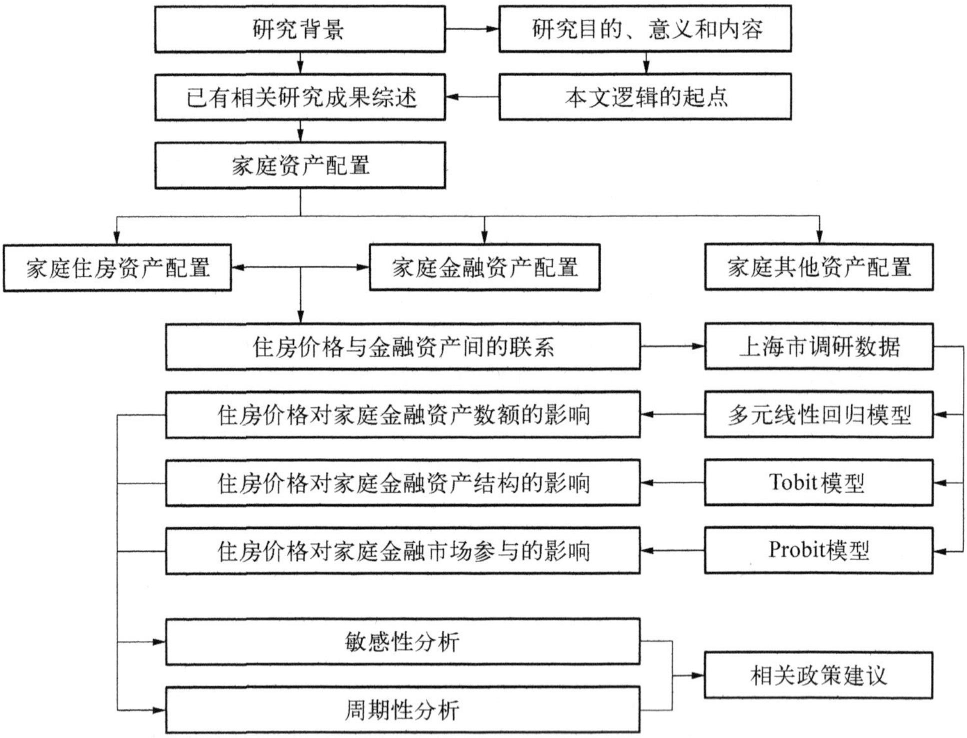

图 2－1　本文研究框架

方米的平均价格能有效地反映住房市场和家庭住房资产的变化情况，本文选择其作为变量来研究家庭资产配置情况。由于住房每平方米的平均价格表述较为复杂，本文全文均用住房价格来指代这一变量。

家庭金融资产风险系数：本文中所有提到的家庭金融资产风险系数均指本文构建的家庭风险性资产数额与家庭无风险金融资产数额比值的变量。为了研究家庭金融资产结构，本文经过分析比较，最终选择家庭风险性资产数额与家庭无风险金融资产数额比值进行研究。家庭金融资产风险系数越高，家庭风险性金融资产在金融资产中占比越大，家庭资产的整体风险性越大。

（六）研究的创新点

本文研究主要有以下两方面创新：

首先，本文选取住房价格作为自变量，研究其对家庭金融资产配置的影响。住房资产作为家庭资产配置中最重要的部分，对资产影响较大。目前针对住房对家庭资产配置的研究文献中，住房变量的选择主要集中在是否持有住房和住房资产占家庭资产总额的比例两个方面。相对之前学者对住房变量的选择，住房价格能够更加直接有效地反映住房市场和家庭住房资产的变化情况。

其次，本文结合住房市场和金融市场对上海市户籍家庭金融资产配置进行分析。住房市场和金融市场的波动能显著改变家庭投资者的心态，本文以此为切入点，对住房价格对家庭金融资产配置的影响进行深入分析。

二、文献综述和理论基础

（一）国外文献综述

20 世纪 50 年代，Markowitz(1952)提出了资产组合选择问题，指出投资者会在资产表现和安全性的预期中进行合理的资产配置。在此基础上，学者对于不同领域的资产配置问题进行深入研究。Campbell(2006)指出家庭金融学的研究由于家庭行为难以量化所以进展缓慢，并提出了家庭金融学的框架。家庭金融学是指家庭利用一系列的投资手段，来达到家庭长期效用化的最大化。目前，针对家庭资产配置的相关研究主要集中在以下四个方面。

首先，针对影响家庭资产配置的不同因素进行研究。Bertaut(2000)、Banks(2002)、Börsch-Supan 和 Eymann(2000)、Guiso 和 Jappelli(2006)、Alessie 等(2000)和 Iwaisako(2009)分别以美国、英国、德国、意大利、荷兰和日本为例，探究影响家庭配置的因素。研究指出，年龄、资产总值、收入风险、资产流动性、税收政策、投资信息、教育程度和住房持有等因素影响家庭资产配置。此外，部分学者从不同的模型角度入手对影响家庭资产配置的因素进行研究。Pelizzon 和 Weber(2005)、Heaton 和 Lucas(2000)、Chetty 和 Szeidl(2005)等人分别从住房模型、人力资本模型和消费约定模型等模型出发，研究指出住房、劳动收入和风险喜好等因素会影响家庭资产配置。

其次，学者们针对家庭资产配置结构进行分析比较研究。Ynesta(2009)以 OECD 国家数据为基础，比较不同国家金融和非金融资产的增长速度，分析储蓄、投资资产和养老金等随着时间和地点的差异，在家庭资产结构中的变化情况。Calvet 等(2009)认为，家庭资产结构的单一性和错误的投资策略会影响家庭资产总量，受过高等教育和投资经验丰富的家庭会更加倾向持有风险性资产。Gaudecker(2015)指出，家庭资产配置单一性是制约家庭资产增长的重要原因，具备优秀金融知识以及接受过专业金融投资建议的家庭的投资收益远高于平均值。

再次，随着对家庭资产配置研究的深入，住房持有在对家庭资产配置的影响开始成为学术研究热点。Christelis 等(2013)通过分析比较 13 个发达国家的数据，发现欧洲家庭倾向投资住房而少量持有金融资产，美国家庭倾向拥有更多的住房贷款并且让投资更加多样化。Sierminska 等(2013)指出，金融业越发达的国家和地区，家庭越倾向持有更高比例的住房贷款。住房总价高，家庭持有住房资产会挤压其他资产，从而让家庭资产结构单一，减少家庭资产投资机会，增加家庭资产风险。住房抵押贷款改变了家庭资产结构，金融业越发达及社会福利越好的国家和地区，家庭越倾向高比例的家庭负债，改善家庭资产结构，提高家庭资产配置的效率。Tracy 等(1999)、Polkovnichenko(2005)、Pelizzon 和 Weber(2008)、Gaudecker(2015)和 Cocco(2005)等从家庭资产结构出发，从不同的方面探索住房和其他类型的资产对家庭资产的影响。

最后，学者针对金融产品对家庭资产配置的影响进行研究。金融业发展促进了住房市场和金融市场的发展，改变了家庭资产配置结构。住房抵押贷款的金融创新和风险控制开始成为研究热点，Campbell 和 Cocco(2003)比较固定利率住房抵押贷款和可变利率住房抵押贷款，指出可变利率对于家庭来说更具有吸引力，但是其风险也更大。Corbae 和 Quintin(2009)指出在经济激烈的住房抵押市场中，家庭会从传统固定利率住房抵押贷款和创新性住房抵押贷款中选择最适合自己家庭资产配置的产品。Campbell 和 Cocco(2015)从家庭劳动收入、住房价格、通胀率和银行利率等因素探究了住房抵押贷款的违约风险。针对住房对家庭资产配置影响的研究，国外学者的研究区域集中在发达国家。发达国家拥有较为成熟的金融市场，针对住房以及其他资产的金融产品种类丰富，为家庭提供多样性的选择。

西方发达国家针对家庭资产配置的研究经历了数十年的发展，趋于成熟，住房作为家庭资产配置的重要组成部分一直受到西方发达国家学者的关注。由于西方发达国家住房市场和金融市场均较为成熟，以住房衍生出的一系列金融产品降低了住房市场的波动性，而研究的重心目前也从住房在家庭资产中的配置情况向住房抵押贷款和住房金融衍生品等相关金融产品倾斜。

（二）国内文献综述

我国针对家庭资产配置的研究起步较晚，但是近年来，该领域研究发展迅速。王治政等(2015)以金融决策框架为研究基础，指出理性的家庭投资者既关心投资组合当期的风险和收益，又关心随着时间变化风险和收益的变化，家庭投资者会在当前收益和未来收益中寻找平衡点。魏先华等(2014)研究发现,替代效应、生命周期效应、财富效应以及住房投资的挤出效应等现象均在一定程度上影响我国居民家庭金融资产配置。另外,家庭的资产、家庭收入、家庭所在区域、居民对社会的信任满意度对居民的金融资产配置均有显著影响。姚亚伟(2012)以上海市居民家庭为研究样本,发现上海居民家庭整体上都是风险厌恶的,但低收入家庭的风险偏好往往强于高收入家庭,不同收入家庭在资产配置时都存在金融学上的非理性行为。宗庆庆等(2015)、陈永伟等(2015)、周钦等(2015)、陈莹等(2014)、尹志超等(2014)、甘犁等(2013)、吴卫星等(2010)从社会保险、住房财富、生命周期和金融知识等方面出发,研究其对我国家庭资产配置的影响。

近年来,一部分研究学者将研究重点放到家庭资产配置中的金融资产配置上,朱涛等(2016)研究发现,相比于认知能力,社会互动对年龄较大的家庭投资者参与金融资产配置影响更大。胡振等(2015)研究发现,良好的健康状况能显著增加家庭持有风险性资产的概率。周弘(2015)研究发现,住房按揭贷款对家庭金融资产存在挤出效应,同时按揭贷款也影响家庭储蓄与投资型金融资产。王书华和杨有振(2015)研究发现,家庭金融资产配置的差异性会导致家庭收入的分化。李波(2015)认为,随着家庭金融资产的增加会显著影响家庭的投资消费和风险预防消费。马广奇和杨靖(2014)总结了影响我国家庭金融资产配置的因素,指出生命周期、收入情况和风险承受能力等因素对家庭金融配置有显著影响。

由于我国市场经济结构有其特殊性,近年来部分国内学者将研究重点放到针对国内外家庭金融资产配置情况比较。高明和刘玉珍(2012)通过比较分析不同国家家庭资产配置情况,指出富裕家庭对风险性金融资产的参与率较高,存在明显的财富效应;优化资本市场环境和改善养老、医疗等福利保障,有助于鼓励风险性资产投资;家庭财富积累与集中度深受股票收益和房价走向影响。杜春越和韩立岩(2013)通过将欧美及亚太发达国家的家庭金融资产配置情况与我国进行对比,指出我国经济结构失衡、法律法规不完善和金融市场不发达等因素影响我国居民对家庭资产的有效配置,从而影响居民通过家庭资产配置促进家庭财富增值、提高消费水平和推动社会经济发展。张传勇(2014)通过比较分析,发现全球范围内家庭资产配置都存在住房持有率过高和股票市场参与不足两大问题。相比于西方发达国家,中国面临的问题更加严峻。提高住房保障福利和降低金融市场参与门槛能有效引导我国家庭进行合理的资产配置,提高家庭资产配置效率。吴卫星和吕学梁(2013)以我国微观家庭调差数据为基础与国外家庭进行比较，发现中国家庭对住房的持有率较高，而对金融市场的参与较少。随着家庭平均年龄的增长，家庭持有的金融资产比率呈下降的趋势。

从中国学者对国内外家庭资产配置的比较研究来看，中国由于市场化进程较为缓慢，居民对金融市场的参与度较低，而对住房的持有率较高。

由于住房在我国家庭资产配置中的特殊性，针对住房对家庭资产配置影响的研究近年来成为我国学者的研究热点。李凤等(2016)利用家庭金融调查2013年和2015年的数据研究我国家庭资产的变化，指出住房是我国家庭资产的主要组成部分，在一、二线城市，两年里出现了大幅度的增长。家庭住房资产的增长，主要源于原有住房资产的增值，同时也有投资性或改善性房产的增加，但住房资产投资的吸引力正在减弱。吴卫星等(2014)进一步研究了住房对家庭金融资产配置的影响，指出家庭购买首套住房会挤出风险资产的持有，但随着持有房产数量的上升，家庭反而会提高以股票为代表的风险资产持有。同时，高负债的家庭资产结构能为家庭金融投资提供更多的机会，其能增大家庭对金融市场的参与度。

虽然针对我国家庭中住房对家庭资产配置影响的研究较多，但是大部分研究均以面板数据为基础，近年来，我国住房市场波动频繁，住房价格的波动对家庭资产配资有显著影响，部分研究开始关注住房价格与家庭资产配置的关系。

赵昕东和王勇(2016)根据自有住房家庭对未来住房价格变动的预期研究，指出最低首付比的适度调低使住房价格波动对财富效应显著。肖卫国等(2012)指出，预期房价上涨的家庭越多，住房价格波动对消费波动的影响越大，从而影响家庭资产配置。颜色和朱国钟(2013)通过动态的生命周期模型分析房价波动带来的影响，指出如果房价增长，那么家庭资产增值会促进国民消费的增长，即“财富效应”。如果房价增长停止，家庭为了购房和偿还贷款压缩消费，从而造成“房奴效应”。

虽然我国学者研究已经开始关注住房价格波动的微观视角对家庭的影响，但是其研究多集中在住房持有与家庭消费之间的关系以及家庭总资产的变化。在房价波动预期以及对住房投资的视角下，我国家庭会通过不同的住房投资策略来改变家庭资产结构，我国针对该领域研究的关注非常少。

(三) 对相关研究的评述

西方发达国家针对资产配置研究成熟，对家庭资产配置和住房市场也有较为完善的研究。针对家庭资产配置的研究已经形成体系，随着西方发达国家基于住房的金融产品的发展，尤其是住房抵押贷款相关产品的发展，目前研究的前沿领域是新型的住房金融产品的发展给家庭投资策略带来变化。

我国学者针对家庭资产的研究较多，但是单独针对金融资产配置的研究却不多。金融资产作为家庭资产重要的组成部分，研究通常与家庭资产整体相结合。针对家庭金融资产配置的文献研究通常集中于股市的参与度，风险资产占比和金融资产占比等领域。

我国面临经济发展失衡，市场化不成熟，法律法规不完善和金融投资门槛较高等问题。家庭金融学的发展落后于西方发达国家，在这种情况下我国家庭资产配置主要面临住房持有率较高和金融性资产持有较少两个问题。我国自 1998 年住房市场化以来，住房价格整体呈现快速增长的趋势，住房价格的波动显著影响家庭资产的波动，家庭住房资产的持有策略对家庭财富增长影响显著。

我国学者针对我国住房对家庭资产配置影响的研究多基于面板数据，研究停留在静态的层面。虽然近年来出现了少量以房价波动预期为基础的研究，但是，研究都够不深入。本文希望从家庭投资者的微观视角出发，研究住房价格对家庭的投资策略的影响，结合实际进一步分析这些策略对家庭资产配置的影响，并提出相关建议。

（四）理论基础及分析模型

1. 资产组合理论

Markowitz(1952)提出了资产组合选择问题和均值-方差理论，指出投资者会在资产表现和安全性的预期中，进行合理的资产配置。现代资产组合理论在其基础上开始快速发展。

Tobin(1958)在将无风险资产引入均值-方差模型，提出了“两基金分离定理”。该定理指出投资组合的选择与个人风险偏好无关，投资者在进行资产配置时无须考虑风险偏好。

Sharpe(1963)提出单指数模型，该模型优化算法，改善了经典资产组合理论中反复估值和计算的状况。

Sharpe(1964)、Lintner(1965)和 Mossin(1966)为代表的一批学者将均值-方差理论与有效市场理论相结合，得出了证券价格在有关资本市场均衡形成的相同结论，并提出了著名的资本资产定价模型(Capital Asset Pricing Model, CAPM)。资本资产定价模型是现代金融学的基础，其作为基于风险资产期望收益均衡基础上的预测模型，把资产的预期收益与预期风险之间的理论关系用线性关系进行表达。

Ross(1976)提出了套利定价理论(Arbitrage Pricing Theory，ATP)。套利定价理论认为，当市场未达到平衡状态时，无风险套利机会存在，从而驱使套利行为发生，最终套利行为导致市场均衡价格形成。

2. 多元线性回归模型

多元线性回归模型是解决经济管理领域问题最常见的模型之一。当某一现象的发展和变化取决于多个影响因素，即一个因变量与多个自变量有线性相关性，且自变量之间没有明显的主次关系时，建立多元线性回归模型可以对现象进行分析，模型称为多元线性回归模型。多元线性回归模型的一般表达式如下所示：

$$y_i = \beta_0 + \sum_{j=1}^{k} \beta_j x_{ij} + \varepsilon_i \quad i = 1,\ 2,\ \cdots\cdots n \tag{2-1}$$

其中，ε 是随机干扰项。

3. Tobit 模型

Tobit 模型也称为样本选择模型、受限因变量模型，是因变量满足某种约束条件下取值的模型，该模型由著名经济学家托宾(Tobin)于 1958 年提出。Tobit 模型包含两个部分，表示约束条件的选择方程模型与满足约束条件下的某连续变量方程模型。

在研究住房价格对家庭金融资产结构影响时，家庭金融资产风险系数被限制在一定范围内，Tobit 模型假设 y_i^* 与 x_j 间存在如式(2-2)所示线性关系。

$$y_i^* = \beta_0 + \sum_{j=1}^{k} \beta_j x_{ij} + \sigma\varepsilon_i \quad i = 1,\ 2,\ \cdots\cdots n \tag{2-2}$$

其中，ε 是随机干扰项，δ 是比例系数。实际能够观测的虚拟变量 y_i 和潜在变量 y_i^* 变量之间存在如(2-3)所示关系：

$$\begin{cases} y_i = y_i^* & y_i^* > 0 \\ y_i = 0 & y_i^* \leqslant 0 \end{cases} \tag{2-3}$$

4. Probit 模型

Probit 模型是一种广义的线性模型，服从正态分布。Probit 模型是解决因变量是二元变量的常见模型。

Probit 模型假设 y_i^* 是一个与 x_j 之间存在如(2-4)所示线性关系的变量即：

$$y_i^* = \beta_0 + \sum_{j=1}^{k} \beta_j x_{ij} + \varepsilon_i \quad \varepsilon_i \sim N(0,\ 1) \quad i = 1,\ 2,\ \cdots\cdots n \tag{2-4}$$

其中，ε 是随机干扰项。

实际能够观测的虚拟变量 y_i 和 y_i^* 间存在如(2-5)所示关系：

$$\begin{cases} y_i = 1 & y_i^* > 0 \\ y_i = 0 & y_i^* \leqslant 0 \end{cases} \tag{2-5}$$

从而可以推导出式(2-6)和式(2-7)，即：

$$P(y_i = 1 \mid x_{ij},\ \beta_j) = P(y_i^* > 0) = P\left(\varepsilon_i^* > -\beta_0 - \sum_{j=1}^{k} \beta_j x_{ij}\right)$$

$$= F\left(\beta_0 + \sum_{j=1}^{k} \beta_j x_{ij}\right) \tag{2-6}$$

$$P(y_i = 0 \mid x_{ij},\ \beta_j) = P(y_i^* \leqslant 0) = P\left(\varepsilon_i^* \leqslant -\beta_0 - \sum_{j=1}^{k} \beta_j x_{ij}\right)$$

$$= 1 - F\left(\beta_0 + \sum_{j=1}^{k} \beta_j x_{ij}\right) \tag{2-7}$$

其中，F 是 ε_i 的分布函数，为单调递增的连续函数，由式(2-6)和式(2-7)可推导出：

$$y_i = F\left(\beta_0 + \sum_{j=1}^{k} \beta_j x_{ij}\right) + \varepsilon_i \tag{2-8}$$

可见，Probit 模型中的估计系数并不代表其对于因变量的边际解释，估计系数从正负符号进行判断，系数为正时，自变量越大，因变量取 1 的概率越大；系数为负时，自变量越大，因变量取 1 的概率越小。

（五）模型变量选择

国内外学者通过对不同自变量的研究影响家庭资产配置的因素，得出不同的结论。表 2-1 对最常见的影响因素进行了梳理。

表 2-1　研究影响家庭资产配置的变量总结

变　量	研　究　结　果
房　产	房产度量指标有住房资产与资产总额的比值和住房所有权两种。住房资产与资产总额的比值对家庭持有投资性资产有显著负面影响。住房所有权对家庭参与股市投资有显著正面影响
年　龄	中青年家庭投资者收入稳定，抗风险能力高，其更倾向参与股票市场。年龄偏大或偏小的家庭投资者倾向持有更多安全资产

续 表

变 量	研 究 结 果
受教育程度	受教育程度越高,家庭越倾向参与股票市场投资
婚姻状况	已婚家庭稳定性高,抗风险能力强,其参与股票市场意愿更强
性 别	男性家庭投资者风险偏好程度高,倾向持有更多风险性金融资产;女性家庭投资者风险厌恶程度高,倾向持有更多安全资产
家庭财富规模	随着财富增加,家庭倾向参与不同类型的金融市场,并且持有更多的风险资产
收入水平	家庭收入中等的家庭愿意持有较多安全资产,而低收入和高收入家庭持有风险性金融资产的意愿更强
收入风险	具有较高收入风险的家庭,参与金融投资的意愿较低
健康状况	健康状况影响家庭资产结构,健康状况良好的家庭投资金融资产的概率更大,健康状况较差的家庭则会持有更多安全资产
风险偏好	家庭风险偏好会影响家庭资产结构,风险偏好型家庭倾向持有较多风险性资产,风险厌恶型家庭倾向持有较多无风险资产
信贷约束	信贷约束降低了家庭持股概率和风险资产比例
社会互动	社会互动能增进家庭参与股票市场的意愿

针对住房因素对家庭资产配置的研究,目前只有住房资产与资产总额的比值和住房所有权两种。上海市超过 90%的户籍家庭持有 1～2 套住房,住房所有权对家庭资产配置影响的研究意义不大。上海市由于限购限贷政策,居民持有住房时间长,置换住房频率低,住房价格相比于住房资产与资产总额的比值能更有效地反映住房资产的变化。目前,以住房价格为变量的研究依然非常欠缺,住房价格是住房市场的直接反应。在住房市场快速发展的情况下,住房价格对家庭住房资产的影响具有即时性,选取住房价格作为模型自变量,能更加有效发掘住房资产与金融资产之间的关系。

三、我国家庭金融资产配置现状

(一) 我国家庭资产结构分析

2010 年,中国家庭金融调查与研究中心成立,专注开展中国家庭金融调查(China Household Finance Survey,CHFS)。该调查自 2011 年开始每两年进行一次，范围遍布全国，目前已经有三期数据公布。2015 年数据如表 2－2 所示。

表 2－2　2015 年中国家庭资产结构调查数据

	均值/万元	占资产比重	持有率
住房资产	58.6	70.1%	91.4%
金融资产	12.2	14.6%	96.7%
工商业资产	5.8	6.9%	14.5%
其他资产	7.0	8.3%	96.5%
总资产	83.6	100.0%	100.0%
负　债	4.2	5.0%	31.4%
净资产	79.5	95.0%	100.0%

在 2015 年的家庭金融调查数据中，我国家庭持有的主要资产有住房资产、金融资产和工商业资产等，其在家庭资产比重中分别达到了 70.1%、14.6%和 6.9%。同时，随着我国经济的发展，家庭投资类型的多样性提升，部分家庭开始投资境外资产、收藏品和互联网金融产品等资产。但是，这部分投资数额和参与度相对较小，本文主要关注家庭资产中占比最大的两个部分，住房资产和金融资产的相互联系。

近年来，家庭资产增长显著，平均家庭总资产从 2013 年的 70.8 万元上升至 2015 年的 83.6 万元，主要原因是家庭住房资产的增加。我国近年来住房价格快速上涨，家庭原有住房资产增值幅度大，住房资产的增值带动了家庭财富的快速增长。家庭资产的快速增长对家庭资产配置的心态产生影响，改变了家庭金融资产配置，2013 年到 2015 年期间，家庭金融资产的年增长率高达 67.4%。

近年来，家庭金融资产的增长率远远高于其他资产，一方面，家庭投资者心态的变化影响家庭金融资产的增长，另一方面，快速发展的金融市场给予家庭更多的选择，更加多样化的金融产品带给家庭投资者更多的机会。尽管金融资产近年增长迅速，但是其总额和在家庭资产中所占比例依然低于西方发达国家，未来金融资产在家庭资产配置中所占份额将会继续扩大。

（二）我国家庭金融资产现状及变化趋势

金融资产是具有现实价格和未来估值的金融工具的总称，其能有组织地在金融市场上进行交易。2016 年中国家庭资产报告指出，我国家庭所持有金融资产的平均数额从2013年的7.30万元上升到2015年的12.22万元。具体数据如表2-3所示。

表2-3 中国家庭金融资产调查数据

	均值/万元		占金融资产比重		增长率
	2013年	2015年	2013年	2015年	
金融资产	7.30	12.22	100.0%	100.0%	67.4%
无风险资产	5.23	7.98	71.6%	65.3%	52.6%
现　金	0.54	0.58	7.4%	4.7%	7.4%
活期存款	1.77	3.32	24.2%	27.2%	87.6%
定期存款	1.46	1.98	20.0%	16.2%	35.6%
账户余额	1.46	2.09	20.0%	17.1%	43.2%
风险资产	2.07	4.24	28.4%	34.7%	104.8%
股　票	0.60	1.30	8.2%	10.6%	116.7%
基　金	0.17	0.32	2.3%	2.6%	88.2%
理财产品	0.32	1.00	4.4%	8.2%	212.5%
其他风险资产	0.23	0.17	3.2%	1.4%	−26.1%
借出款	0.74	0.86	10.1%	7.0%	16.2%
应收款		0.58	0.0%	4.7%	

在我国家庭金融资产配置中，无风险资产是金融资产的主要构成部分。近年来无风险资产占金融资产中的比重有下降趋势，而风险性资产拥有率、均值及其在金融资产中的占比都大幅上升。2013年和2015年我国家庭持有风险性金融资产的平均数额分别为2.07万元和4.24万元，增长率高达100%，同一时期我国家庭持有无风险金融资产的数额为15.23万元和7.98万元。

我国经济的快速发展促使了家庭财富的增加，家庭有能力将家庭资产配置多元化。金融资产作为收益性较高的资产，对于家庭财富增值意义显著。但是，我国金融市场发展缓慢，金融产品参差不齐和金融投资门槛较高等问题限制了家庭投资金融市场，多数家庭对于金融市场少量投资或者持观望态度。未来，随着我国经济进一步发展，市场机制进一步完善，我国家庭金融资产将持续增长。

（三）住房资产对家庭金融资产配置的影响

1. 住房资产的特征

住房资产是家庭资产中数额最大的资产，其具有复合功能。现代住房的功能包括生活居住功能、融资投资功能、养老保障功能和社会认同功能等。住房的生活居住功能自古就有，但是随着社会经济的发展，住房的这一功能逐渐地弱化。同时，住房的融资投资功能和养老保障功能随着我国住房改革和住房市场的发展逐渐显性化。随着社会经济的进一步发展，住房除了生活必需品功能外，将会拥有更为多样化的功能。

住房交易形式多样，交易手续复杂。住房交易中住房实物不发生转移，其属于权益的交易。住房交易的方式有住房买卖、租赁、抵押和典当等。住房位置的固定性导致住房交易需要经过产权产籍资料的查阅、契约签订、产权过户或等级设定等一系列手续。

住房市场对于金融有较高依赖性，住房商品的价值量大、占有时间长，所以住房市场的供给方和需求方都需要金融机构的支持。住房是重要的资源，对经济的发展和社会的稳定意义重大。住房市场容易受到政府政策的干预，政府为了保障公众利益，会对住房市场进行直接干预；此外，政府在土地供给、金融、城市规划等政策层面也可以间接干预住房市场。住房资产的特殊性决定了住房资产不能简单以收益预期和风险性等传统资产的研究视角来看待。

2. 资产配置之谜

资产配资之谜是指家庭投资者在资产配置中过多地持有住房资产，较少地持有股票资产的现象。资产配置之谜也称作“有限参与之谜”或“股权溢价之谜”，根据资产组合选择理论，理性的家庭投资人应该将资产合理的配置于不同的项目，提高资产收益率，降低资产风险性，让家庭资产效用最大化。

全球家庭资产配置都存在住房投资过多的问题，美国消费者金融调查协会(Survey of Consumer Finance，SCF)资料显示，美国普通家庭中住房资产占家庭总资产的比例为55%～60%。2016年中国家庭资产报告的数据指出中国家庭住房资产占家庭资产的比重超过70%。

中国自古就有“居者有其屋”的传统观念，是否持有住房显著影响家庭投资者心理。此外，中国的户籍制度让中国的教育、医疗和其他相关的保障和住房挂钩，住房持有与家庭福利联系紧密。基于以上因素，家庭对住房资产的持有远高于合理的资产配置水平。

股票市场存在较高的溢价率，然而家庭对股票市场的参与率较低。股票市场在金融投资中门槛较低，是家庭参与投资的重要途径，然而家庭配置在股市中的资产远远低于理论中的最优水平。家庭资产配置中，家庭投资者对于风险的厌恶型较高，财富值较低的家庭对股市的参与率极低，而财富值较高的人群则对股市参与较多。此外，家庭资产配置容易受到周边家庭的影响，家庭与周边的互动会影响家庭投资者的决策。对于我国家庭而言，由于金融市场的发展落后于欧美发达国家，家庭更倾向投资风险性低的资产，同时资产整体中高比率的住房资产配置也在一定程度上积压了股票资产的投资。

资产配置之谜在全球范围内均存在，我国因为特定的政策制度和发展阶段，住房的高持有率和股票市场的低参与率问题更加突出。

（四）小结

我国家庭资产结构中，住房资产和金融资产是最重要的两个部分。近年来，住房资产由于住房价格的快速增长而迅速增值，其在家庭资产中占比进一步提高；金融资产由于金融市场的快速发展和家庭投资者心态的变化增长率很高，但资产总额仍然较少，未来具有较大的增长空间。

住房资产对家庭金融资产的配置有不同方面的影响，一方面，住房资产在家庭资产的高占比挤压掉一部分金融资产，另一方面，住房资产的增值增加了家庭抗风险能力，改善家庭投资者心态，家庭参与金融市场的概率提高。“资产配置之谜”指出全球范围内的家庭在配置资产时都会更多地投资住房而更少地投资股票，中国由于住房市场和金融市场发展缓慢，住房资产的过多持有和风险资产的参与率较低现象更为显著。

四、实证研究

（一）研究区域与数据

1. 研究区域

中国不同城市间住房市场发展分化较大，金融市场发展也不均衡。上海市作为中国金融中心城市，无论住房市场还是金融市场的发展程度均属于全国领先水平，因此，本文选取上海市作为研究住房价格对家庭金融资产配置的区域。

自 1998 年住房市场化开始以来，上海市住房市场发展迅速，目前已经形成了较为成熟的市场体系。上海作为我国住房市场最重要的试验田，一直是引领我国住房市场整体发展的城市之一。选取上海市作为住房价格的研究区域，具有典型意义。

同时，上海市作为我国最大的经济中心，将建设国际金融中心作为跨世纪的战略目标。上海在金融规模上具有优势,在金融环境、金融效率和金融国际化方面,与世界级金融中心的差距也在逐渐缩小。上海在金融产业绩效、金融机构实力、金融市场规模和金融生态环境等方面优势明显。特别是在金融市场方面,上海已经初步建成由证券市场、货币市场、外汇市场、保险市场、期货市场和金融衍生品市场等构成的比较健全的全国性金融市场体系。上海市的国际金融中心地位不仅带给家庭投资者更多的机会,降低投资者参与金融市场门槛,同时良好的金融氛围也会影响家庭投资者的心理状况。

2. 研究数据收集

上海市作为长三角区域的中心城市,人口数量多,人口流动性大。截至2015年末,上海市常住人口总数为2 415万人。其中,户籍人口1 434万人,外来常住人口982万人。由于外来人口住房持有率较低,住房对家庭资产配资的影响情况更复杂,本文仅选取上海市户籍家庭作为本文数据收集样本。

通过发放问卷的方式,本文于2016年10—12月期间针对上海市户籍家庭一共回收有效问卷210份。问卷调查了上海市户籍家庭的家庭人口数、户主性别、户主就职类型、户主年龄、家庭风险偏好、家庭持有住房数量、住房价格、家庭无风险金融资产、家庭风险性金融资产和家庭参与的金融投资类型(股票、基金、理财产品、保险和外汇等)。

针对调研问卷数据的有效性和合理性,本文进行信度与效度检验。通过克朗巴哈系数法(Cronbach's alpha)对问卷数据进行信度检验,结果表明克朗巴哈系数为0.742,对于探索性研究来说问卷信度较高。效度检验方面,KMO(Kaiser - Meyer - Olkin)检验统计量为0.736,巴特利球形检验统计量为5 935.836,相应的概率Sig为0.000,数据适合用于分析。

3. 数据描述与处理

本文针对家庭金融资产配置的研究采用多元线性回归模型、Tobit模型和Probit模型三类模型针对住房价格对家庭金融资产配置影响问题进行不同方面的研究。这三类模型均为回归分析模型,数据采用相同的处理方法。本文选择的变量分为家庭住房特征、家庭特征、户主教育情况、家庭风险偏好和户主就职类型五类。家庭住房特征包括住房价格和家庭持有住房数量两个变量;家庭特征包括家庭人口数、户主性别和户主年龄三个变量;户主教育情况包括初中、高中、大专、本科和硕士五个变量;家庭风险偏好包括风险偏好型、风险中性型和风险厌恶型三个变量;户主就职类型包括金融业从业者、党政机关及事业单位人员、企业管理人员、专业技术人员和普通职员及其他五个变量。

1）家庭人口数

家庭人口数反映了家庭的结构，同时也影响家庭的消费情况和投资策略，上海市户籍家庭有超过70%的家庭人口数为三人。通常来说，三口之家的收入能力强，家庭负担弱，家庭拥有足够的投资和消费空间，为家庭投资者的决策会更加合理有效。而家庭人口数不为三人的家庭则情况各异，资产配置情况也各不相同。上海市户籍家庭人口数调研结果如图2-2所示，在模型中，家庭人口数变量为调研中上海市户籍家庭实际人口数。

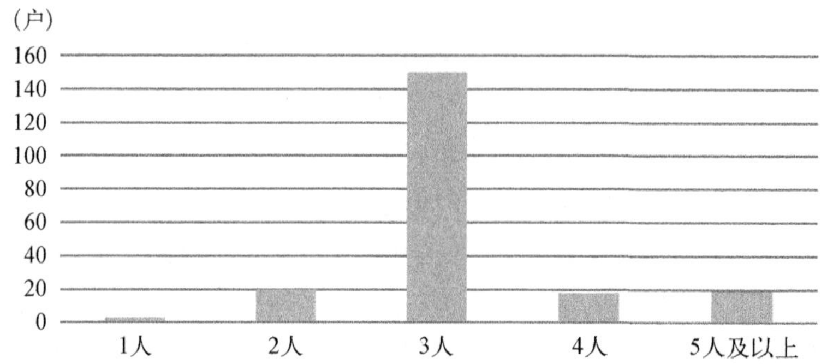

图2-2 上海市户籍家庭人口数

2）户主性别

通常来说，男性比女性更具有冒险精神，喜欢追求风险；女性相比于男性则更加谨慎。户主作为家庭投资的主要决策者，其性别影响其投资的策略。通常来说，男性家庭投资者通常会倾向投资股票等高风险高收益的资产，而女性家庭投资者则会偏向持有银行存款等无风险资产。上海市户籍家庭户主性别调研结果如图2-3所示，在模型中以虚拟变量0和1的形式来处理户主性别变量，定义男性户主为0，女性户主为1。

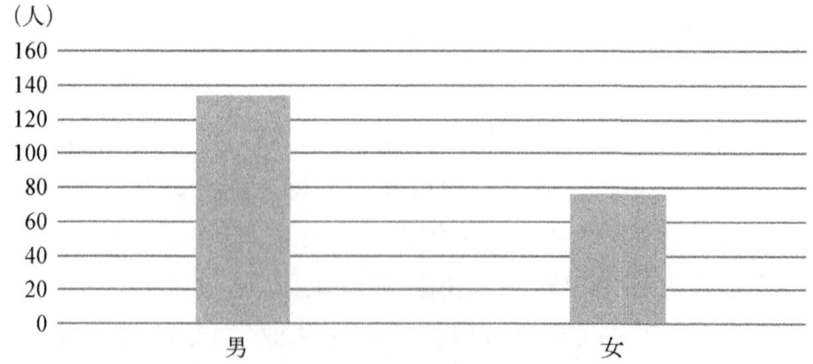

图2-3 上海市户籍家庭户主性别

3）户主就职类型

户主就职类型一方面反映了家庭的收入能力，另一方面反映了家庭对金融资产的认知状况。不同职业人群对于家庭投资的理解存在差异，通常来说，就职于金融业的投资者对于金融资产配置的合理性和有效性要高于就职于其他行业的投资者。调研主要针对金融业从业者、党政机关及事业单位人员、企业管理人员（非金融业）、专业技术人员（非金融业）、普通职员（非金融业）及其他五类人群，结果如图 2-4 所示，在模型中以 0—1 虚拟变量对以上五类数据进行处理。

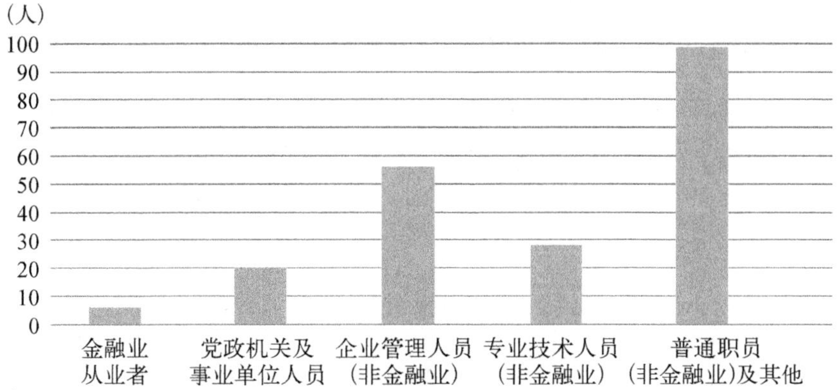

图 2-4　上海市户籍家庭户主就职类型

4）户主年龄

户主年龄决定了家庭投资者处于生命周期中不同的阶段，所做出的的资产配置决策存在差异。通常来说，青年家庭投资者对风险偏好更大，更加倾向选择投资性金融资产；中年家庭投资者收入来源稳定，但是家庭责任感更强，在资产配置中倾向多元化配置；老年家庭投资者则更加倾向稳健性的资产配置。上海市户籍家庭户主年龄调研结果如图 2-5 所示，户主年龄变量为调研中上海市户籍家庭户主实际年龄。

5）家庭风险偏好

在预期收益相同的情况下，家庭风险偏好会影响家庭金融资产的选择，风险偏好型家庭投资者会倾向高风险高收益投资，例如股票。风险厌恶型家庭投资者则倾向保守的投资策略，例如银行储蓄。上海市有超过 70%的户籍家庭者为风险中性型，风险中性型的投资策略会倾向投资多元化，将家庭资产配置于不同的市场，既能获得更高的收益，又将投资风险控制在一定的范围内。家庭风险偏

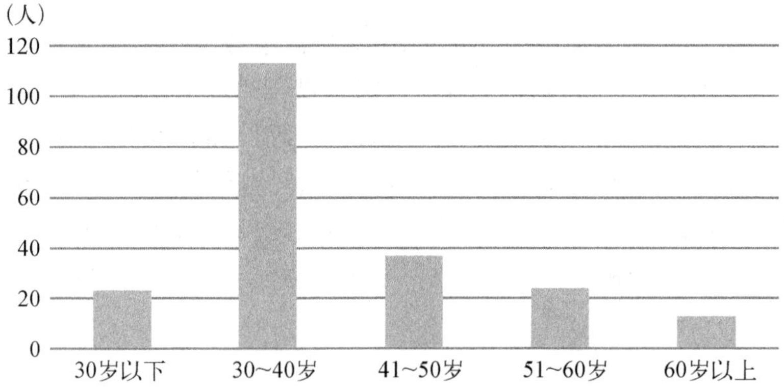

图 2-5 上海市户籍家庭户主年龄

好分为风险偏好性、风险中性型和风险厌恶型三类，上海市户籍家庭风险偏好调研结果如图 2-6 所示，在模型中以 0—1 虚拟变量对以其进行处理。

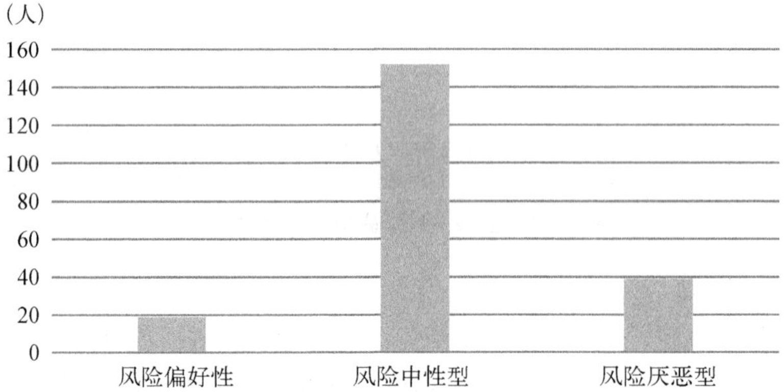

图 2-6 上海市户籍家庭风险偏好

6) 家庭持有住房数量

家庭持有住房数量反映了家庭对住房资产的态度，以及住房在家庭资产中的占比。上海市户籍家庭有超过 65%的家庭持有 1 套住房，超过 90%的户籍家庭拥有 1～2 套住房。住房资产作为家庭资产中占比最大的资产，其流动性较弱。同时住房市场受到政策调控频繁，住房不仅具有居住和投资的功能，同时还承载家庭心理状况和社会地位等功能。上海市户籍家庭在上海市住房市场繁荣发展的十余年里，大多都享受到了住房市场发展带来的红利，住房的升值对上海市户籍家庭资产增长影响巨大。上海市户籍家庭持有住房数量调研结果如图 2-7 所示，在模型中，家庭持有住房数量为调研中上海市户籍家庭实际持有住房套数。

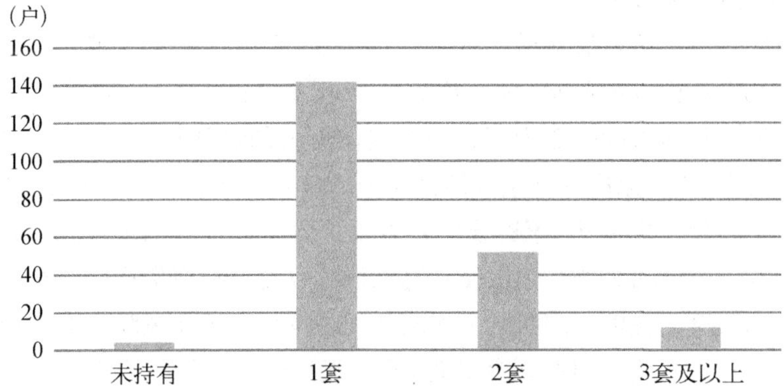

图 2-7　上海市户籍家庭持有住房数量

7）住房价格

住房价格反映了家庭住房资产数额，由于大多数上海市户籍家庭的住房持有量为 1～2 套，其对家庭资产带来的差异性有限。上海市户籍家庭持有住房的价格由于地理位置、建筑条件、交通条件和配套设施等因素存在显著差异。在本次问卷调研(2016 年 10—12 月)中，上海市户籍家庭持有住房平均价格为每平方米 39 095 元，其分布也较为平均。由于上海市户籍家庭住房持有的周期较长，住房价格的上涨对其整体资产的影响较大，当住房价格上涨时，对家庭投资者的心态影响显著。上海市户籍家庭住房价格调研结果如图 2-8 所示，由于住房价格波动范围较大，在模型中，将其进行对数处理，住房价格变量为上海市户籍家庭持有住房实际价格经过对数处理后的数据。

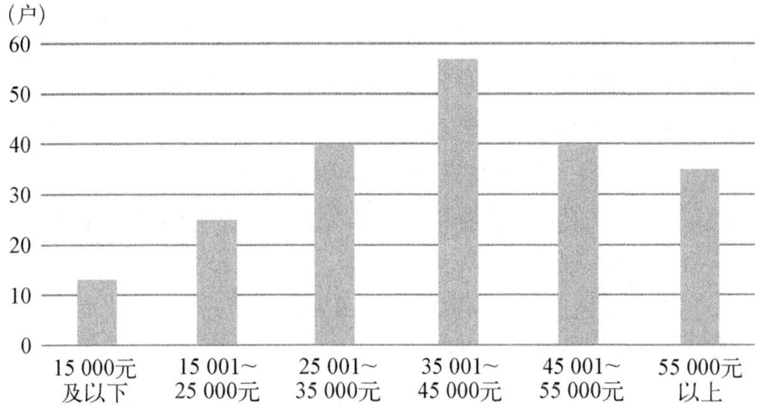

图 2-8　上海市户籍家庭住房价格

8）家庭无风险金融资产

我国金融市场的发展落后于欧美发达国家，家庭投资者在进行金融资产配置时依然面临着相应的门槛，为了确保资产的安全性，家庭选择持有现金及储蓄。持有现金和储蓄同时能为家庭消费提供更大的灵活性，为家庭支出提供支持。整体而言，我国家庭的现金及储蓄金额的持有比例较大。一方面，我国社会保障体系仍然处于发展中，家庭投资者需要预留部分资产用于应急；另一方面，家庭投资者对风险的厌恶性也促使其愿意牺牲收益来换取资产的安全。上海市户籍家庭无风险金融资产调研结果如图 2-9 所示，由于无风险金融资产波动范围较大，在模型中，将其进行对数处理，家庭无风险金融资产变量为上海市户籍家庭持有家庭无风险金融资产经过对数处理后的数据。

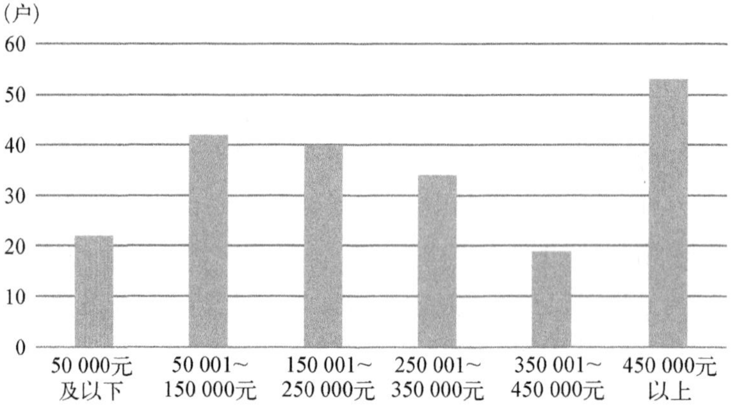

图 2-9　上海市户籍家庭无风险金融资产

9）家庭风险性金融资产

家庭投资性金融资产指家庭投资于股票、基金、理财产品、保险和外汇等风险性金融产品的资产。相比于无风险金融资产，投资性金融资产具有更高的回报率，同时也需要承担更高的风险。上海市作为国际金融中心，其整体的金融氛围领先于我国其他城市，家庭投资者更愿意将一部分资产配置于投资性金融资产来促进家庭整体财富的增长。上海市户籍家庭风险性金融资产调研结果如图 2-10 所示，由于风险性金融资产波动范围较大，在模型中，将其进行对数处理，家庭风险性金融资产变量为上海市户籍家庭持有家庭风险性金融资产经过对数处理后的数据。

10）家庭参与的金融投资类型

上海市户籍家庭投资者参与的金融投资类型多样，本文针对股票、基金、理财产品、保险、外汇和黄金六类市场进行调研。2016 年，上海市户籍家庭对股

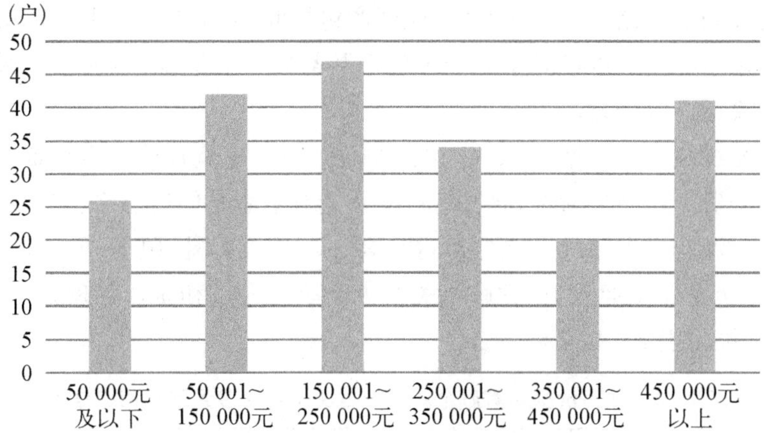

图 2-10　上海市户籍家庭风险性金融资产

票、基金、理财产品、保险、外汇和黄金六类主要投资的参与度分别为 62%、50%、80%、32%、14%和 15%。不同的投资类型进入门槛、期望收益和风险性均不相同,通过合理的配置家庭投资者能促进家庭财富增长。上海市户籍家庭参与的金融投资类型调研结果如图 2-11 所示,在模型中家庭金融市场参与变量包括股票、基金、理财产品、保险、外汇、黄金和其他七类,以 0—1 虚拟变量对以上七类数据进行处理。

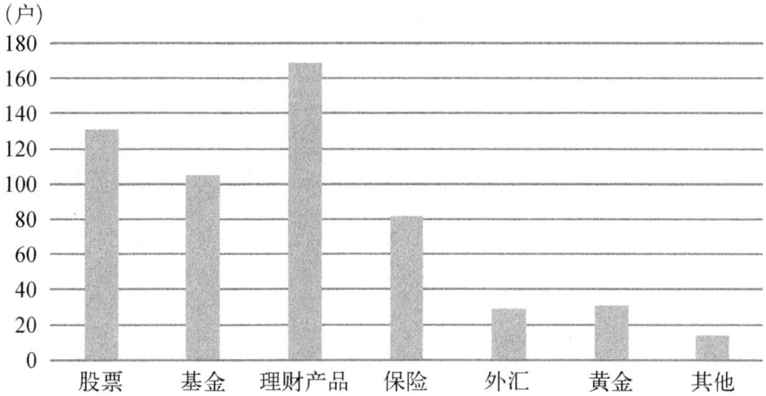

图 2-11　上海市户籍家庭参与的金融投资类型

(二) 住房价格对家庭金融资产数额的影响

1. 实证研究结果

家庭金融资产分为无风险金融资产和风险性金融资产两类,无风险金融资产包括现金和银行储蓄等，风险性金融资产包括股票、基金和理财产品等。针对上海市户籍家庭住房价格对家庭金融资产数额影响的情况，本文首先采用多元线性回归模型进行研究。

在多元线性回归模型，因变量为家庭金融资产，家庭风险性金总资产和家庭无风险金融资产。经过筛选和尝试，自变量选取了家庭住房价格、家庭持有住房数量、户主性别、户主年龄、家庭人口数、高中、大专、本科、硕士、风险偏好型、风险厌恶型、金融业从业人员、党政机关及事业单位人员和企业管理人员 14 个变量，模型结果如表 2 - 4 所示。

表 2 - 4　住房价格对家庭金融资产数额影响的多元线性回归结果

		金融资产	风险性金融资产	无风险金融资产
家庭住房特征	住房价格	0.270*** (0.099)	0.384*** (0.117)	0.115 (0.123)
	家庭持有住房数量	0.231*** (0.076)	0.195** (0.090)	0.254*** (0.094)
家庭特征	户主性别	0.030 (0.092)	−0.046*** (0.109)	0.110 (0.114)
	户主年龄	0.004 (0.005)	0.004 (0.006)	0.002 (0.006)
	家庭人口数	−0.053 (0.059)	−0.029 (0.070)	−0.091 (0.074)
户主教育情况（最高学历）	高　中	−0.341 (0.326)	−0.246 (0.387)	−0.162 (0.406)
	大　专	−0.512 (0.314)	−0.377 (0.372)	−0.423 (0.390)
	本　科	−0.203 (0.314)	−0.006 (0.373)	−0.167 (0.391)
	硕　士	−0.033 (0.347)	0.079 (0.412)	−0.082 (0.432)
家庭风险偏好	风险偏好型	−0.014 (0.153)	0.056 (0.181)	−0.133 (0.191)
	风险厌恶型	−0.324*** (0.115)	−0.384*** (0.136)	−0.312** (0.143)

续　表

		金融资产	风险性金融资产	无风险金融资产
户主就职类型	金融业从业人员	0.102 (0.264)	0.232 (0.313)	−0.157 (0.328)
	党政机关及事业单位人员	0.077 (0.157)	0.132 (0.187)	0.088 (0.196)
	企业管理人员	0.343*** (0.103)	0.313** (0.123)	0.433*** (0.129)
	常　数	10.090*** (1.273)	7.974*** (1.273)	11.071*** (1.335)

注：(1) ***，**，* 分别表示在 1%，5%和 10%水平上显著。
(2) 括号内为标准误(Standard Error)。

住房价格参数每变化 1 单位，将分别对家庭金融资产参数和家庭风险性金融资产参数产生 0.270 和 0.384 单位的正面影响；家庭持有住房数量参数每变化 1 单位，将分别对家庭金融资产参数、家庭风险性金融资产参数和家庭无风险金融资产参数产生 0.231、0.195 和 0.254 单位的正面影响。

户主性别参数变化，将对家庭风险性金融资产参数产生 0.046 单位的负面影响；风险厌恶型参数每变化 1 单位，将分别对家庭金融资产参数、家庭风险性金融资产参数和家庭无风险金融资产参数产生 0.324、0.384 和 0.312 单位的负面影响；企业管理人员参数每变化 1 单位，将分别对家庭金融资产参数、家庭风险性金融资产参数和家庭无风险金融资产参数产生 0.343、0.313 和 0.433 单位的正面影响。

2. 实证研究结果分析

住房价格对家庭金融资产数额影响的多元线性回归模型研究结果显示，住房价格、家庭持有住房数量、风险厌恶型和企业管理人员四个变量对家庭金融资产总额影响显著。住房价格、家庭持有住房数量、户主性别、风险厌恶型和企业管理人员五个变量对家庭风险性金融资产总额影响显著。住房价格和企业管理人员两个变量对家庭无风险金融数额影响显著，住房价格对于家庭无风险金融资产没有显著影响。

住房价格和家庭持有住房数量反映了家庭住房资产数额，而住房资产作为家庭资产中最重要的组成部分，其数额对家庭整体资产数额的影响显著，家庭财富更多的家庭显然会拥有更多的金融资产。此外，家庭住房资产的增加会改变家庭投资者的策略，当住房资产这一具有保障性的资产数额增加时，家庭抵御风险的能力提高，家庭投资者将会选择持有更多风险性金融资产来优化资产结构。所以住房价格和家庭持有住房数量对于家庭金融资产和风险性金融资产均有显著正面影响。虽然住房价格对于家庭无风险金融资产没有显著影响，但是家庭持有住房数量对于家庭无风险金融资产有显著正面影响，且影响程度较大，住房资产和家庭无风险金融资产都具有保障性功能，两者有一定的替代作用，关系相对复杂。

户主性别变量反映了男性户主会持有更多的家庭风险性金融资产，因为男性比女性更有冒险精神，对风险的承受力更强，愿意持有更多的高风险高回报风险性金融资产。户主性别对于家庭风险性金融资产数额影响显著。风险厌恶型家庭投资者会持有更少的家庭金融资产，金融资产相比于其他资产风险性高，出于对风险的厌恶，家庭投资者将较少地配置或者放弃配置资产于金融资产部分，从而达到规避风险的目的。风险厌恶型家庭对于家庭金融资产、风险性金融资产和无风险金融资产均具有显著负面影响。户主为企业管理者的家庭通常持有更多的风险性金融资产，通常而言，企业管理者富有冒险精神，同时对经济管理知识的掌握优于其他职业。企业管理者在家庭投资决策时通常会更加理性地做出决定。企业管理者对于家庭金融资产、风险性金融资产和无风险金融资产均具有显著正面影响。

（三）住房价格对家庭金融资产结构的影响

1. 实证研究结果

家庭金融资产金额的绝对值不能反映家庭金融资产结构，经过比较尝试，本文构建家庭金融资产风险系数变量作为研究对象。家庭金融资产风险系数定义为家庭风险性金融资产与家庭无风险金融资产之比，该变量能反映家庭金融资产结构，该变量越大表示家庭风险性金融资产在金融资产中占比越大。

在调研过程中，家庭风险性金融资产与家庭无风险金融资产均设定了上下限，所以家庭金融资产风险系数是一个具有范围的变量，本文采用 Tobit 模型对其进行研究。研究模型中，因变量为家庭金融资产风险系数。经过筛选和尝试，自变量选取了住房价格、家庭持有住房数量、户主性别、户主年龄、家庭人口数、高中、大专、本科、硕士、风险偏好型、风险厌恶型、金融业从业人员、党政机关及事业单位人员和企业管理人员 14 个变量，模型结果如表 2-5 所示。

表 2-5　住房价格对家庭金融资产结构影响的 Tobit 模型回归结果

		家庭金融资产风险系数
家庭住房特征	住房价格	0.461* (0.271)
	家庭持有住房数量	−0.028 (0.208)
家庭特征	户主性别	−0.255 (0.252)
	户主年龄	0.019 (0.014)
	家庭人口数	0.089 (0.162)
户主教育情况（最高学历）	高　中	−0.738 (0.893)
	大　专	−0.376 (0.860)
	本　科	−0.067 (0.860)
	硕　士	0.687 (0.951)
家庭风险偏好	风险偏好型	0.730* (0.419)
	风险厌恶型	0.146 (0.314)
户主就职类型	金融业从业人员	1.528** (0.723)
	党政机关及事业单位人员	−0.153 (0.431)
	企业管理人员	−0.447 (0.283)
	常　数	−4.229 (2.937)

注：(1) ***，**，* 分别表示在 1%，5%和 10%水平上显著。
(2) 括号内为标准误(Standard Error)。

住房价格参数每变化 1 单位，将对家庭金融资产风险系数参数产生 0.461 单位的正面影响；风险偏好型参数每变化 1 单位，将对家庭金融资产风险系数参数产生 0.730 单位的正面影响；金融业从业人员参数每变化 1 单位，将对家庭金融资产风险系数参数产生 1.528 单位的正面影响。

2. 实证研究结果分析

住房价格对家庭金融资产数额影响的多元线性回归模型主要研究了住房价格与家庭金融资产绝对值的关系。由于家庭财富之间差异较大，该研究存在一定程度的局限性，住房价格对家庭金融资产结构影响的 Tobit 模型则主要分析住房价格对家庭风险性金融资产与家庭无风险金融资产相对值的影响。家庭金融资产风险系数变量不受家庭资产总量的影响，更能有效反映家庭金融资产配置结构。

住房价格对家庭金融资产结构影响的 Tobit 模型结果显示，住房价格、风险偏好型和金融业从业人员三个参数对于家庭金融资产风险系数变量有显著的正面影响。

在住房价格对家庭金融资产结构影响的模型中，住房价格对家庭投资者的心态影响较大。随着住房价格提升，上海市户籍家庭的整体资产在上海市住房市场红利的影响下迅速增加。资产的增值给予家庭投资者足够的信心去选择投资风险性金融资产。所以，住房价格高的家庭在配置金融资产时，更多地选择高风险高回报的风险性金融资产，而非无风险金融资产。同时，住房资产作为一类具有保障性的家庭资产，在其数额上升的过程中挤出了一部分无风险的金融资产配置。

风险偏好型的家庭投资者在配置金融资产时，会倾向与选择更多的风险性金融资产和更少的无风险金融资产。风险偏好型家庭投资者对金融市场更有信心，同时也拥有更大的风险承受力。金融业从业人员作为家庭投资者在进行家庭金融资产配置时，通常会选择持有更多的风险性金融资产，由于职业缘故，金融业从业人员掌握更多的金融知识与金融市场信息，能够更好地在金融投资中控制风险和增加收益，其对投资型金融资产的期望收益远高于无风险金融资产，所以配置更多资产在风险性金融资产部分。

住房价格对家庭金融资产数额影响的多元线性回归模型和住房价格对家庭金融资产结构影响的 Tobit 模型从家庭金融资产数额和结构两个维度研究了住房价格对家庭金融资产配置的影响。住房价格对于家庭金融资产、风险性金融资产和家庭金融资产风险系数均有显著的正面影响。

(四) 住房价格对家庭金融市场参与的影响

1. 实证研究结果

家庭通过参与不同类型的金融市场来配置家庭金融资产。我国家庭目前主要的金融投资途径有股票、基金、理财产品、保险和外汇等。在数据调研中，本文针对我国主要的家庭金融投资途径进行分析，最终选择研究住房价格对股票、基金、理财产品和保险四类金融投资的参与情况。

家庭是否参与金融投资为二分变量，本章采用 Probit 模型对其进行研究。研究模型中，因变量分别为股票、基金、理财产品和保险。经过筛选和尝试，自变量选取了住房价格、家庭持有住房数量、户主性别、户主年龄、家庭人口数、高中、大专、本科、硕士、风险偏好型、风险厌恶型、金融业从业人员、党政机关及事业单位人员和企业管理人员 14 个变量，模型结果如表 2-6 所示。

表 2-6　住房价格对家庭金融市场参与影响的 Probit 模型回归结果

		股 票	基 金	理财产品	保 险
家庭住房特征	住房价格	1.086*** (0.146)	0.357*** (0.132)	0.506*** (0.083)	0.432*** (0.115)
	家庭持有住房数量	0.031 (0.068)	−0.020 (0.082)	−0.143*** (0.050)	0.141** (0.071)
家庭特征	户主性别	0.221** (0.095)	0.346*** (0.117)	0.302*** (0.068)	0.529*** (0.124)
	户主年龄	0.015*** (0.004)	0.013** (0.005	0.006* (0.003)	0.011** (0.005)
	家庭人口数	0.140*** (0.053)	0.068 (0.059)	0.146*** (0.036)	−0.032 (0.060)
户主教育情况（最高学历）	高 中	0.195 (0.308)	0.080 (0.272)	0.755** (0.343)	3.413*** (1.034)
	大 专	0.144 (0.298)	−1.113*** (0.365)	0.779** (0.342)	3.429*** (1.032)
	本 科	0.021 (0.299)	−0.195 (0.277)	0.678** (0.342)	3.258*** (1.033)
	硕 士	−0.074 (0.324)	−0.184 (0.306)	0.772** (0.353)	2.961*** (1.048)

续　表

		股 票	基 金	理财产品	保 险
家庭风险偏好	风险偏好型	−0.017 (0.138)	0.070 (0.143)	−0.118 (0.123)	0.308** (0.124)
	风险厌恶型	−2.077*** (0.285)	−2.209*** (0.312)	0.211*** (0.066)	−0.089 (0.119)
户主就职类型	金融业从业人员	0.316 (0.238)	0.040 (0.329)	−0.898** (0.444)	0.046 (0.255)
	党政机关及事业单位人员	0.073 (0.149)	−0.151 (0.208)	0.291*** (0.100)	−0.529* (0.289)
	企业管理者	−0.024 (0.096)	0.211** (0.095)	0.108* (0.065)	0.251*** (0.091)
	常　数	−15.836*** (1.604)	−7.650*** (1.400)	−9.608*** (0.952)	−11.945*** (1.497)

注：(1) ***，**，* 分别表示在 1%，5%和 10%水平上显著。
(2) 括号内为标准误(Standard Error)。

住房价格参数每变化 1 单位，将分别对股票、基金、理财产品和保险参数产生 1.086、0.357、0.506 和 0.432 单位的正面影响；家庭持有住房数量参数每变化 1 单位，将分别对理财产品和保险参数产生 0.143 单位的负面影响和 0.141 单位的正面影响。

家庭特征方面，户主性别参数变化，将分别对股票、基金、理财产品和保险参数产生 0.221、0.346、0.302 和 0.529 单位的正面影响；户主年龄参数每变化 1 单位，将分别对股票、基金、理财产品和保险参数产生 0.015、0.013、0.006 和 0.011 单位的正面影响；家庭人口数参数每变化 1 单位，将分别对股票、和理财产品参数产生 0.140 和 0.146 单位的正面影响。

户主教育情况主要对家庭参与理财产品和保险的情况影响较为显著。高中、大专、本科和硕士参数每变化 1 单位将分别对理财产品参数产生 0.755、0.779、0.678 和 0.772 单位的正面影响；高中、大专、本科和硕士参数每变化 1 单位将分别对保险参数产生 3.413、3.429、3.258 和 2.961 单位的正面影响。

风险偏好方面，风险偏好型参数每变化 1 单位，将对保险参数产生 0.308 单位的正面影响；风险厌恶型参数每变化 1 单位，将分别对股票和基金产生 2.077 和 2.209 单位的负面影响，对理财产品产生 0.211 单位的正面影响。

户主就职类型方面，金融业从业人员参数每变化1单位，将对理财产品参数产生0.898单位的负面影响；党政机关及事业单位人员参数每变化1单位，将分别对理财产品和保险参数产生0.291单位的正面影响和0.529单位的负面影响；企业管理者参数每变化1单位，将分别对基金、理财产品和保险参数产生0.211、0.108和0.251单位的正面影响。

2. 实证研究结果分析

针对住房价格对家庭金融投资市场参与影响问题，本章通过Probit模型分别就住房价格对家庭参与股票、基金、理财产品和保险四类投资性金融市场的影响情况进行了研究。研究结果显示住房价格对家庭参与四类投资性金融市场均有显著的正面影响，其中对股票市场参与的正面影响程度最大。

我国股票市场自1989年开始试点以来，一直处于不断的发展中，近年来随着股票市场和互联网技术的快速发展，参与股票市场的门槛迅速下降，上海市有超过60%的户籍家庭在2016年参与了股票市场的投资。住房价格对家庭参与股票市场的Probit模型实证结果显示，家庭住房价格、户主性别、户主年龄、家庭人口数和风险厌恶型五个变量对于家庭参与股票市场的影响显著。

住房价格高的家庭通常拥有更多的资产，愿意将一部分资产投入股票市场进行资产配置。股票市场作为参与和操作门槛较低的投资市场，一部分家庭以其作为投资手段进行较大额度的投资，另一部分家庭则投入少量资产在股市进行尝试。家庭在尝试风险性金融资产配置时，通常从较小数额开始，之后逐渐加大在其中的配置。股票市场较为透明的交易模式增加了家庭参与风险性金融投资的机会。户主性别、户主年龄和家庭人口数三个变量均属于家庭特征，当户主为女性、户主年龄越大、家庭人口数越多时，家庭参与股票市场的概率越大。当家庭投资者有更多的空闲时间和可供支配的资产时，其更加愿意对股票市场进行尝试。而风险厌恶型家庭则对股票市场参与有负面影响。股票市场的风险完全由投资者个人承担，投资的风险性很高，风险厌恶型的家庭投资者不愿意将资产配置于股票市场这一高风险领域。此外，上海市整体的股票市场氛围浓厚，户主教育情况和户主就职类型对于股票市场参与并没有显著影响。

基金分为信托基金、货币基金、保险基金和债券基金等不同的种类，家庭参与的基金主要指证券投资基金。我国证券投资基金以低投资门槛、高透明度、较低佣金、享受专家理财的特色优势，成为家庭投资资本市场的重要选择。目前，家庭投资者参与证券投资基金的比例不足50%，未来仍然具有较大发展空间。住房价格对家庭参与基金市场的Probit模型实证结果显示，住房价格、户主性别、户主年龄、大专、风险厌恶型和企业管理者六个变量对于基金市场的参与影响显著。

住房价格对家庭参与基金市场有显著正面影响，但影响的程度小于其他类型的金融市场。基金相比于股票，风险更为可控，且需要管理的时间较少，住房价格高的家庭会将资产配置更加分散化，所以选择配置一部分资产于基金市场。同时，户主为女性、户主年龄越大的家庭更倾向参与基金市场，这一情况和股票市场情况类似。户主最高学历为大专的家庭不倾向参加基金市场的投资，其对基金管理团队的信任度低。风险厌恶型家庭投资者不倾向参与基金投资，反映了基金对于这部分家庭仍然具有较高风险。户主为企业管理者的家庭则更加倾向参与基金市场，其更加相信合理的管理能降低风险和增加收益。

理财产品是金融机构自行发行和设计，将募集到的资金投入指定的金融市场购买相关的金融产品，获得收益后分配给投资者的产品。目前，我国理财产品种类繁多，合约设计复杂，多数投资者在选择理财产品的时候难以充分掌握产品的信息，从而导致投资对风险的认识不足。部分理财产品在宣传中仅强调高收益率，对高风险则避而不谈，导致部分投资者在投资受损后离开市场。住房价格对家庭参与理财产品市场的 Probit 模型实证结果显示，住房价格、家庭住房持有数量、户主性别、户主年龄、家庭人口数、高中、大专、本科、硕士、风险厌恶型、金融业从业人员、党政机关及事业单位人员、企业管理人员 13 个变量对于理财产品市场的参与影响显著。

住房价格越高和家庭持有住房数量越多的家庭，将会拥有更多的资产，理财产品通过合理的设计，能满足这部分家庭的投资需求。理财产品的设计具有一定程度的针对性。通常来说，持有更多住房的家庭负债率高，理财产品通过合理的投资周期设计给予这部分家庭更好的投资金融市场的机会。家庭特征对于理财产品市场参与的影响和其他类型金融市场参与的影响类似，而户主教育程度也对于理财产品市场有不同程度的影响，但是，其影响结果较为接近。风险厌恶型的家庭投资者对于理财产品市场的参与则有正面影响，说明风险厌恶型家庭相信理财产品能有效降低金融资产的风险。对于户主的就职类型，金融业从业人员对于理财产品市场参与有较大的负面影响，而党政机关及事业单位职员和企业管理者则对理财产品市场参与有正面影响。该结果反映了金融业从业人员对于理财产品设计的不信任，而非金融业从业人员则更愿意相信理财产品。

保险是金融投资市场中风险最低的投资之一，是家庭投资者用于规划人生财务的重要工具。本文研究的保险主要指家庭投资者参与的商业保险。随着我国家庭投资者金融素养的提高，参与商业保险已经成为家庭资产配置的重要途径，上海市户籍家庭参与商业保险投资的比例从 2012 年的 32%上升到了 2016 年的 39%。住房价格对家庭参与保险市场的 Probit 模型实证结果显示，住房价格、家庭住房持有数量、户主性别、户主年龄、高中、大专、本科、硕士、风险偏好型、党政机关及事业单位人员、企业管理人员 11 个变量对于保险市场的参与影响显著。

住房价格和家庭持有住房数量越多的家庭，在拥有更多的资产时会考虑到资产的安全性，选择参与保险市场能有效保障家庭资产。此外，当住房价格上升时，家庭因为心态的变化会倾向更为长远的规划家庭理财方案，保险则是家庭财富长远规划的最佳途径之一。

户主性别和户主年龄对于保险市场的参与影响显著，女性和年龄大的家庭投资者更加缺乏安全感，倾向参与保险市场投资，为长远的理财做出规划。户主教育情况方面，户主最高学历越低的家庭越倾向参与保险，反映了教育程度低的家庭缺乏稳定收入来源的安全感。风险偏好型家庭投资者倾向参与保险市场，风险偏好型家庭投资者需要承担更大的投资风险，保险市场的参与能降低家庭金融资产的整体风险。户主就业类型为党政机关及事业单位的家庭通常拥有更好的福利保障，不需要依赖保险；企业管理者则倾向参与保险市场为家庭长远做出规划。

总体而言，住房价格对于家庭参与股票、基金、理财产品和保险四类金融市场都有不同程度的正面影响，但是影响的原因却不尽相同。一方面，住房价格的提高影响了家庭整体的财富，让家庭资产配置策略产生变化，更加愿意进入投资性金融市场；另一方面，住房价格的提升影响家庭投资者的心态，家庭在住房资产增值后，整体抗风险能力提升，其更愿意尝试多元化的资产配置，同时涉足具有风险的投资领域。

其中，住房价格对家庭参与股票市场的影响最大，股票相比于其他金融市场，参与和退出门槛更低，资产灵活性更高。当住房资产增值时，股票市场更容易得到家庭投资者的青睐。而基金、理财产品和保险的退出机制相对复杂，影响家庭整体资产的灵活性。

（五）小结

本节针对住房价格对上海市户籍家庭金融资产配置影响的问题进行了实证研究。通过收集、整理和分析相关数据，最终选择多元线性回归模型、Tobit 模型和 Probit 模型三类模型分别针对住房价格对家庭金融资产数额、家庭金融资产结构和金融市场（股票、基金、理财产品和保险）参与情况进行了分析研究。

研究结果表明住房价格对于家庭金融资产、投资性金融资产数额和家庭金融资产风险系数有显著正面影响，同时对于家庭参与股票、基金、理财产品和保险四类投资市场也有显著正面影响。

当住房价格上升时，家庭整体财富增加，将有更多的钱用于金融资产配置，尤其是高收益预期的投资性金融资产配置。其次，家庭投资者的心态随着住房价格提高有所变化，家庭投资者希望能更多地将资产配置于不同的领域来增加资产配置的多样性。此外，住房价格的提升给予家庭更好的保障，家庭拥有更强的抗风险能力，在金融市场的参与意愿随之提升。

五、动态分析及政策建议

前文基于 2016 年上海市户籍家庭的实证数据从不同角度分析了住房价格对家庭金融资产配置的影响。下文将针对住房价格波动对家庭金融资产配置进行深入分析。

（一）敏感性分析

前文分别采用多元线性回归模型和 Tobit 模型对住房价格对家庭金融资产数额影响和家庭金融资产结构影响进行分析。研究发现，住房价格对于家庭金融资产、投资性金融资产数额和家庭金融资产风险系数有显著正面影响。还采用 Probit 模型对住房价格对家庭参与股票、基金、理财产品和保险四类金融市场的影响进行了研究。可知，住房价格对四类金融市场的参与均有显著正面影响，但影响的程度不尽相同。

由于住房市场一直处于变化状态，住房价格也会随着住房市场的变化而产生波动，本节以调研中上海市户籍住房价格 39 095 元每平方米为基础，首先对家庭金融资产数额、家庭风险性金融资产数额和家庭金融资产风险系数对住房价格的敏感性进行分析。分析结果如表 2-7 所示。

表 2-7　家庭投资性金融资产配置金额和参与深度对住房价格的敏感性分析

住房价格波动	−20%	−10%	−5%	±0	5%	10%	20%
家庭金融资产数额	94.2%	97.2%	98.6%	100%	101.3%	102.6%	105.0%
家庭风险性金融资产数额	91.8%	96.0%	98.0%	100%	101.9%	103.7%	107.3%
家庭金融资产风险系数	90.2%	95.3%	97.7%	100%	102.3%	104.5%	108.8%

当住房价格向下波动20%时，家庭金融资产减少5.8%；当住房价格向上波动20%时，家庭金融资产增加5.0%；当住房价格向下波动20%时，家庭风险性金融资产减少8.8%；当住房价格向上波动20%时，家庭风险性金融资产增加7.3%。住房价格波动对家庭金融资产的绝对数额和家庭风险性金融资产的绝对数额影响显著。当住房价格向下波动20%时，家庭金融资产风险系数减少9.8%；当住房价格向上波动20%时，家庭金融资产风险系数增加8.8%。住房价格波动对于家庭金融资产结构影响较小。对家庭金融资产结构影响较大的因素为家庭是否为风险偏好性和家庭户主是否就职于金融业。

接下来，本文对家庭参与股票、基金、理财产品和保险四类金融市场的情况对住房价格的敏感性进行分析，分析结果如表2－8所示。

表2－8　家庭参与金融市场对住房价格的敏感性分析

住房价格波动	－20%	－10%	－5%	±0	5%	10%	20%
股　票	78.5%	89.2%	94.6%	100%	105.4%	110.9%	121.9%
基　金	92.3%	96.3%	98.2%	100%	101.8%	103.5%	106.7%
理财产品	89.3%	94.8%	97.4%	100%	102.5%	104.9%	109.7%
保　险	90.8%	95.6%	97.8%	100%	102.1%	104.2%	108.2%

住房价格波动对于家庭参与股票、基金、理财产品和保险四类金融市场的影响各不相同，当住房价格向下波动20%时，家庭参与住房、基金、理财产品和保险四类金融市场的比例分别下降21.5%、7.7%、10.7%和9.2%；当住房价格向上波动20%时，家庭参与住房、基金、理财产品和保险四类金融市场的比例分别上升21.9%、6.7%、9.7%和8.2%。

住房价格波动对家庭参与股票市场影响最大，而对基金、理财产品和保险市场的影响情况类似。由于上海市住房交易成本较高，且近年来住房调控政策较为频繁，住房价格波动而进行住房交易的家庭比例非常小，所以当住房价格波动时，住房资产对股票资产并不存在挤出效应。住房价格波动虽然对家庭财富影响较大，但主要是因为本身持有的住房资产的变化。住房价格波动更多影响的是家庭投资者的心态，当家庭财富增加时，家庭投资者对家庭抗风险能力更有信心，更愿意参与股票市场投资。对于基金、理财产品和保险市场来说，由于其进入和退出的门槛相对于股票市场更高，投资周期相对于股票市场更长，短期的住房价格波动对家庭参与情况影响较小。

（二）周期性分析

敏感性分析从不同方面探讨了住房价格波动对家庭资产配置的影响。接下来就结合上海市户籍家庭在2012—2016年参与金融市场的情况，对住房价格波动对家庭参与金融市场的周期性影响进行分析。

表2-9 2012—2016年上海市商品住房每平方米均价

年份	2012年	2013年	2014年	2015年	2016年
住房均价/元	22 518	24 133	27 171	32 284	38 356

2012—2016年，上海市商品住房市场繁荣发展，商品住房均价也快速上涨，从2012年的均价22 518元每平方米上涨到2016年的均价38 356元每平方米，年平均增长率达到了14.2%（表2-9）。快速发展的住房市场引发了相关社会问题，政府频繁出台政策针对上海市住房市场进行调控。在严厉的调控政策和繁荣的商品住房市场共同作用下，绝大部分上海市户籍家庭持有1～2套住房，其家庭资产随着持有住房的升值而快速增加。

基于前文的分析，家庭资产的增加给予家庭投资者信心，而这种信心导致其在投资性金融市场上的参与度的变化。上海市户籍家庭在2012—2016年参与金融市场的情况如表2-10所示。

表2-10 2012—2016年住房价格波动对家庭金融市场参与的周期性影响分析

年 份	股 票	基 金	理财产品	保 险
2012年	63.8%	43.3%	57.1%	31.9%
2013年	64.8%	45.2%	58.6%	31.0%
2014年	66.2%	47.1%	68.1%	34.3%
2015年	65.7%	51.9%	78.6%	38.1%
2016年	62.4%	50.0%	80.5%	39.0%

家庭对股票市场的参与度受到家庭住房价格波动影响最大，但是股票市场自身的周期性对于家庭投资者的影响更大。2012—2016年，家庭参与股票市场的比例先增加后减少，在2014年时达到峰值66.2%。该波动规律与上海市证券综合指数波动规律类似。

家庭参与基金、理财产品和保险市场的比例在2012—2016年整体呈增长趋势。随着住房价格的上涨,家庭持有基金、理财产品和保险比例的年均增长分别为3.7%、9.0%和5.2%,研究结果与家庭金融市场参与对住房价格的敏感性分析的结果相吻合。

由于家庭参与和退出基金、理财产品和保险市场均有一定的门槛,且这三类金融产品的管理对于家庭投资者来说更为简洁,所以相对股票而言,其他因素对于家庭投资者参与这三类金融市场比例的影响性更小,住房价格周期对于这三类金融市场的参与有显著影响。在住房价格波动周期的影响下,家庭投资者会根据家庭长期的理财计划和对收益与风险的预期来选择参与不同类型的金融市场。

(三) 相关政策建议

近年来,由于住房市场的繁荣发展导致住房价格迅速增长,家庭住房资产增值,上海市户籍家庭的家庭整体财富快速增加。由于超过90%的上海市户籍家庭持有1~2套住房,家庭整体资产增长的情况类似。家庭整体资产的增加改变了家庭投资者的心态,家庭投资者将愿意选择更为多元化的投资性金融资产来优化家庭资产配置的结构。当住房价格向上波动20%时,家庭投资性金融资产将会增加7.3%,同时家庭参与不同类型的金融市场比例也大幅提高。

快速增值的住房资产让其在家庭资产中所占的比例进一步提升,同时导致金融资产比例相对减少。家庭整体资产的结构更加偏离最合理有效的家庭金融资产结构。基于本文之前的探索分析,本节针对目前住房价格对我国家庭金融资产配置影响的问题提出如下建议。

首先,进一步调控和整顿住房市场。上海市的住房市场调控效率位于全国前列,一系列的限购限贷政策将大多数上海市户籍家庭的住房套数控制在1~2套的合理范围。但是,近年来上海市住房均价的增长速度远高于整体经济的增长速度,住房价格波动频繁,对房地产开发商和住房消费者都产生了不同程度的影响。进一步调控政策应当重点着眼于市场的供需比,合理供应土地和住房,将住房价格的波动控制在稳定合理的水平。

其次,促进金融市场不断的发展。目前我国金融市场相比于发达国家仍然发展缓慢,金融市场信息的低透明度对家庭参与金融市场有较大的负面影响,建立公平、公正和透明的金融市场,让金融市场更高效地运转对于家庭参与金融市场投资,合理配置和规划家庭资产,促进家庭财富增长意义显著。同时,部分金融市场进入的门槛依然较高,阻碍了家庭资产总额较少的家庭参与投资。完善金融市场，发展多样化的投资途径能有效促进家庭资产更加高效的配置。

再次，完善居民保障体系。住房价格的增长能对家庭更多投资金融资产有正面影响，其中重要的原因之一就是我国目前居民的整体福利保障依然不完善。住房资产作为家庭资产中占比最大的部分，其对于家庭的福利保障意义重大。社会保障体系的发展能让家庭福利保障与家庭住房资产逐渐分离，家庭投资者将能更加理性和有效进行资产配置。完善家庭居民保障体系，为家庭投资者创造更好的投资环境，能促进家庭资产配置的效率。

最后，改善家庭投资者的心态。家庭投资者心态是住房价格波动对家庭金融资产配置产生影响的重要途径。家庭之所以将资产更多地配置于住房资产，而较少地配置于金融资产，是因为家庭投资者在资产配置时有自身的顾虑，不能按照最有效和合理的方式对家庭资产进行配置。通过教育和宣传等多种途径提升家庭金融素养，改善家庭投资者心态能让家庭投资者对资产配置有更加全面的认识，在进行配置的过程中更加合理有效。

（四）小结

本章在研究住房价格对家庭金融资产配置的结果基础上，对家庭金融资产对于住房价格波动的敏感性和住房价格波动对家庭参与金融市场影响的周期性进行了深入的分析。分析结果表明，住房价格波动对于家庭投资性金融资产数额影响较大，而对家庭金融资产结构影响较小。在金融市场参与度方面，住房价格波动对于家庭参与股票市场投资影响较大，而对于家庭参与基金、理财产品和保险市场影响较小。在住房价格波动对家庭参与金融市场影响的周期性方面，股票市场由于其自身具有周期性，住房价格波动的周期性对其影响较小，而基金、理财产品和保险市场相对稳定，住房价格波动的周期性对其影响显著。

本文接下来针对以上的研究从政策方面对其提出相关建议。为了促进家庭更有效地进行资产配置，合理规划资产，增加家庭整体财富，政策可以从整顿调控住房市场、发展金融市场、完善社会保障体系和改善投资者心态四个角度出发，扭转目前家庭资产过多配置于住房，较少配资于金融资产的不合理现象。

六、结论与展望

（一）结论

本文以上海市户籍家庭调研数据为基础，初步探讨了住房价格对家庭金融资产配置的影响情况。并将住房市场与金融市场相结合，对家庭资产配置中存在的问题进行进一步分析，提出了相应的政策建议。

本文首先通过资料收集分析和问卷调研对上海市户籍家庭的资产配置进行了初步分析。结果表明，相对于效用最大化的家庭资产配置结构，目前上海市户籍家庭持有住房资产数额偏大，而持有金融资产数额偏小。绝大多数上海市户籍家庭持有1～2套住房，近年来随着上海市住房价格的不断提升，上海市户籍家庭的住房资产升值迅速，家庭财富快速增加。同时，住房资产在家庭资产配置中占比进一步扩大，而金融资产在家庭资产中占比则进一步被压缩。本文将调研数据与市场分析相结合，针对住房价格对家庭金融资产配置影响的问题进行了定性和定量相结合的研究。

本文选择多元线性回归模型、Tobit 模型和 Probit 模型三类模型分别针对住房价格对家庭金融资产数额、家庭金融资产结构和四类不同投资性金融市场（股票、基金、理财产品和保险）参与情况进行了分析研究。结果表明，住房价格对于家庭金融资产数额、家庭金融资产结构和四类不同投资性金融市场（股票、基金、理财产品和保险）参与情况均有显著的正面影响，但是影响程度不尽相同，其中住房价格对家庭风险性金融资产数额和家庭对股票市场的参与情况影响程度较大。

基于以上的研究基础，本文进一步针对家庭金融资产对于住房价格波动的敏感性和住房价格波动对家庭参与金融市场影响的周期性进行了深入的分析。结果表明，家庭投资性金融资产金额对于住房价格波动敏感性较强，家庭金融资产风险系数对于住房价格波动敏感性较弱。针对家庭投资者对不同投资性金融市场（股票、基金、理财产品和保险）参与情况，本文进行了敏感性分析与周期性分析。结果表明，家庭是否参与股票市场对于住房价格波动最为敏感，但是由于股票市场本身存在周期性，住房价格波动的周期性对其影响非常小。家庭是否参与基金、理财产品和保险市场的情况则较为类似，住房价格波动对其有一定程度的影响，而住房价格波动的周期也会影响家庭参与度。相比于股票市场，这三类金融产品市场有着一定的门槛，投资周期更长，产品稳定性更高，住房价格波动周期性对家庭参与这类金融投资市场的影响更大。

基于上述的分析与研究，本文最后总结了我国家庭投资者在家庭资产配置中存在的问题，针对这些问题提出了整顿调控住房市场、发展金融市场、完善社会保障体系和改善投资者心态四大政策建议。

（二）研究的不足之处

本文由于受时间所限，研究存在以下不足。首先，本文调研数据的样本量有限。家庭资产配置涉及家庭财富的隐私，调研难度较大，本文最终仅回收了210份有效问卷。同时为了降低参与调研者的防御心理，本文在设计问卷时对涉及家庭财富的敏感性问题进行弱化，部分数据的精确度不够高。

在变量选择方面，本文选择住房价格作为衡量家庭住房资产的变量存在一定的局限性。上海市超过90%的户籍家庭持有1～2套住房，并且住房交易的频率不高。住房价格的变动可以有效地反映家庭住房资产变化的情况，也更多影响了家庭投资者的心态，从而影响其投资策略。然而由于家庭住房的面积各不相同，住房价格波动并不能完全替代住房资产波动，本文对于住房资产总额的研究相对欠缺。

在金融市场方面，由于家庭参与金融市场的数额变化较大，统计难度较高，所以本文选择家庭是否参与金融市场作为研究变量。对于不同类型金融市场资产配置的具体研究相对欠缺。

（三）研究展望

本文对住房价格对家庭金融资产配置的影响的研究，取得了初步结论，但仍有诸多工作需要进一步落实。

首先，本文在数据收集上需要进一步完善。由于时间有限，目前本文在数据样本量、数据变量选择和数据精确度方面均存在一定程度的不足。在进一步的工作中，可以朝着扩大研究变量的范围，精确研究变量的数值和增加样本数量等方向进行发展。研究数据的优化将能够更为精确地探讨住房价格对家庭金融资产配置的影响情况，同时更深入地挖掘出其他各类因素对家庭金融资产配置的影响。

其次，本文的研究目标家庭为上海市户籍家庭，由于时间有限，上海市郊区的样本数量较少，进一步研究中将会合理规划样本，让上海市各个区域的样本数量更加均衡。同时在完成住房价格对上海市目标家庭的影响研究后，研究可以进一步延伸到上海周边城市，通过对比分析进一步探讨住房价格在不同空间维度对家庭金融资产配置的影响。

最后，我国家庭资产配置已经成为研究热点，不同学者分别通过生命周期、金融素养和社会保障等多个维度对家庭资产配置进行了分析探讨。中国家庭金融调查与研究中心的创立也为该领域发展做出了突出贡献。目前，数据收集依然是研究家庭资产配置的难点，在进一步工作中，可以在学术界寻求合作，分享数据，从不同类型的数据的分析比较得到进一步研究成果。

参考文献

[1] MARKOWITZ H. Portfolio selection [J]. The journal of Finance, 1952, 7(1): 77-91.

[2] CAMPBELL J Y. Household finance [J]. The Journal of Finance, 2006, 61(4): 1553-1604.

[3] BERTAUT C C, STARR M. Household portfolios in the United States [J]. Social Science Electronic Publishing 2000.

[4] BANKS J, TANNER S. Household portfolios in the United Kingdom [M]//Household Portfolios, 2002.

[5] BÖRSCH-SUPAN A, EYMANN A. Household Portfolios in Germany [M]. Sonderforschungsbereich 504, 2000.

[6] GUISO L, JAPPELLI T. Household portfolios in Italy [J]. Household portfolios, 2002: 251-289.

[7] ALESSIE R, HOCHGUERTEL S, VAN SOEST A. Household portfolios in the Netherlands [J]. Social Science Electronic Publishing, 2001, 9(4): 381-387.

[8] IWAISAKO T. Household portfolios in Japan [J]. Japan and the World Economy, 2009, 21(4): 373-382.

[9] PELIZZON L, WEBER G. Efficient portfolios when housing is a hedge against rent risk [J]. unpublished paper, University of Venice and University of Padua, 2005.

[10] HEATON J, LUCAS D. Portfolio choice and asset prices: The importance of entrepreneurial risk [J]. The Journal of Finance, 2000, 55(3): 1163-1198.

[11] CHETTY R, SZEIDL A. Marriage, housing, and portfolio choice: A test of Grossman-Laroque [J]. Mimeograph, UC-Berkeley, 2005.

[12] YNESTA I. Households' wealth composition across OECD countries and financial risks borne by households [J]. OECD Journal: Financial Market Trends, 2009, 2008(2): 1-25.

[13] CALVET L E, CAMPBELL J Y, SODINI P. Measuring the financial sophistication of households [R]. National Bureau of Economic Research, 2009.

[14] GAUDECKER H, VON M. How does household portfolio diversification vary with financial literacy and financial advice? [J]. The Journal of Finance, 2015, 70(2): 489-507.

[15] CHRISTELIS D, GEORGARAKOS D, HALIASSOS M. Differences in portfolios across countries: Economic environment versus household characteristics [J]. Review of Economics and Statistics, 2013, 95(1): 220-236.

[16] SIERMINSKA E, DOORLEY K. To own or not to own? Household portfolios, demographics and institutions in a cross-national perspective [J]. Social Science Electronic Publishing, 2013, 12(7): 390-394.
[17] CAMPBELL J Y, COCCO J F. Household risk management and optimal mortgage choice [R]. National Bureau of Economic Research, 2003.
[18] CORBAE D, QUINTIN E. Mortgage innovation and the foreclosure boom [J]. n Unpublished paper, University of Texas at Austin, 2009.
[19] CAMPBELL J Y, COCCO J F. A model of mortgage default [J]. The Journal of Finance, 2015, 70(4): 1495-1554.
[20] TRACY J S, SCHNEIDER H S, Chan S. Are stocks overtaking real estate in household portfolios? [J]. Current Issues in Economics and Finance, 1999, 5(5).
[21] POLKOVNICHENKO V. Household portfolio diversification: A case for rank-dependent preferences [J]. Review of Financial studies, 2005, 18(4): 1467-1502.
[22] PELIZZON L, WEBER G. Are household portfolios efficient? An analysis conditional on housing [J]. Journal of Financial and Quantitative Analysis, 2008, 43(02): 401-431.
[23] COCCO J F. Portfolio choice in the presence of housing [J]. Review of Financial studies, 2005, 18(2): 535-567.
[24] 王治政,王跃,贾子超.基于金融决策框架的家庭资产配置理论研究进展及关键问题[J].管理世界,2015(6): 170-171.
[25] 魏先华,张越艳,吴卫星,等.我国居民家庭金融资产配置影响因素研究[J].管理评论,2014,26(7): 20-28.
[26] 姚亚伟.上海市居民家庭资产配置现状及对策分析[J].上海金融,2012(6): 10-15.
[27] 宗庆庆,刘冲,周亚虹.社会养老保险与我国居民家庭风险金融资产投资——来自中国家庭金融调查(CHFS)的证据[J].金融研究,2015,(10): 99-114.
[28] 陈永伟,史宇鹏,权五燮.住房财富、金融市场参与和家庭资产组合选择——来自中国城市的证据[J].金融研究,2015,(04): 1-18.
[29] 周钦,袁燕,臧文斌.医疗保险对中国城市和农村家庭资产选择的影响研究[J].经济学(季刊),2015,(03): 931-960.
[30] 陈莹,武志伟,顾鹏.家庭生命周期与背景风险对家庭资产配置的影响[J].吉林大学社会科学学报,2014,(05): 73-80,173.
[31] 尹志超,宋全云,吴雨.金融知识、投资经验与家庭资产选择[J].经济研究,2014,(04): 62-75.
[32] 甘犁,尹志超,贾男,等.中国家庭资产状况及住房需求分析[J].金融研究,2013,(04): 1-14.
[33] 吴卫星,易尽然,郑建明.中国居民家庭投资结构:基于生命周期、财富和住房的实证分析[J].经济研究,2010,(S1): 72-82.
[34] 朱涛,谢婷婷,王宇帆.认知能力、社会互动与家庭金融资产配置研究[J].财经论丛,2016,(11): 47-55.
[35] 胡振,何婧,臧日宏.健康对城市家庭金融资产配置的影响——中国的微观证据[J].东北大学学报(社会科学版),2015,(02): 148-154.

[36] 周弘.住房按揭贷款如何影响家庭金融资产配置——基于家庭财务报表视角的实证研究[J].经济经纬,2015(1)：150-155.
[37] 王书华,杨有振.城乡居民家庭金融资产配置与收入差距的动态影响机制——基于状态空间系统的估计[J].上海财经大学学报,2015,(02)：20-30+75.
[38] 李波.中国城镇家庭金融风险资产配置对消费支出的影响——基于微观调查数据CHFS的实证分析[J].国际金融研究,2015,(01)：83-92.
[39] 马广奇,杨靖.我国居民家庭金融资产配置现状及优化对策研究[J].新金融,2014,(02)：53-56.
[40] 高明,刘玉珍.跨国家庭金融比较：理论与政策意涵[J].经济研究,2013(2)：134-149.
[41] 杜春越,韩立岩.家庭资产配置的国际比较研究[J].国际金融研究,2013(6)：44-55.
[42] 张传勇.住房投资,家庭资产配置与社会财富分配[J].学术月刊,2014,46(12)：109-114.
[43] 吴卫星,吕学梁.中国城镇家庭资产配置及国际比较——基于微观数据的分析[J].国际金融研究,2013(10)：45-57.
[44] 李凤,罗建东,路晓蒙,等.中国家庭资产状况,变动趋势及其影响因素[J].管理世界,2016(2)：45-56.
[45] 吴卫星,沈涛,蒋涛.房产挤出了家庭配置的风险金融资产吗?——基于微观调查数据的实证分析[J].科学决策,2014(11)：52-69.
[46] 赵昕东,王勇.住房价格波动对异质性自有住房家庭消费率影响研究[J].经济评论,2016(4)：102-117.
[47] 肖卫国,郑开元,袁威.住房价格,消费与中国货币政策最优选择:基于异质性房价预期的视角[J].经济评论,2012(2)：105-115.
[48] 颜色,朱国钟."房奴效应"还是"财富效应"?——房价上涨对国民消费影响的一个理论分析[J].管理世界,2013(3)：34-47.
[49] MARKOWITZ H. Portfolio Selection [J]. The Journal of Finance, 1952, 7(1)：77-91.
[50] TOBIN J. Liquidity Preference as Behavior Towards Risk [J]. Cowles Foundation Discussion Papers, 1956, 25(2)：65-86.
[51] SHARPE W F. A simplified model for portfolio analysis [J]. Management Science, 1963, 9(2)：277-293.
[52] SHARPE W F. Capital asset prices：A theory of market equilibrium under conditions of risk [J]. The Journal of Finance, 1964, 19(3)：425-442.
[53] LINTNER J. The valuation of risk assets and the selection of risky investments in stock portfolios and capital budgets [J]. The Review of Economics and Statistics, 1965：13-37.
[54] MOSSIN J. Equilibrium in a capital asset market[J]. Econometrica：Journal of the Econometric Society, 1966：768-783.
[55] ROSS S A. The arbitrage theory of capital asset pricing [J]. Journal of Economic Theory, 1976, 13(3)：341-360.

附录　上海市户籍居民家庭资产配置情况调查问卷

住房价格对上海户籍家庭金融资产配置影响的研究

为了解上海市住房价格对户籍居民家庭金融资产配置的影响，我们特进行本次问卷调研。请您花几分钟填写本问卷，问卷实行匿名制，所有数据仅用于学术研究，请您放心。请您按照自己真实的情况填写，谢谢您的合作！

第一部分　家庭基本信息

1. 您的家庭人口数［单选题］［必答题］

○ 1 人

○ 2 人

○ 3 人

○ 4 人

○ 5 人及以上

2. 户主性别［单选题］［必答题］

○ 男

○ 女

3. 户主教育程度［单选题］［必答题］

○ 初中

○ 高中

○ 大专

○ 本科

○ 硕士及以上

4. 户主就职类型［单选题］［必答题］

○ 金融业从业者

○ 党政机关及事业单位人员

○ 企业管理人员(非金融业)

○ 专业技术人员(非金融业)

○ 普通(非金融业)及其他

5. 户主年龄［单选题］［必答题］
○ 30 岁以下
○ 30～40 岁
○ 41～50 岁
○ 51～60 岁
○ 60 岁以上

6. 家庭投资风险偏好类型［单选题］［必答题］
○ 风险偏好性
○ 风险中性型
○ 风险厌恶型

7. 家庭持有住房数量［单选题］［必答题］
○ 未持有住房
○ 1 套
○ 2 套
○ 3 套及以上

8. 家庭住房每平方米均价［单选题］［必答题］
○ 15 000 元以下
○ 15 000～25 000 元
○ 25 001～35 000 元
○ 35 001～45 000 元
○ 45 001～55 000 元
○ 55 000 元以上

第二部分　家庭金融资产配置

9. 家庭现金及银行储蓄金额［单选题］［必答题］
○ 50 000 元及以下
○ 50 001～150 000 元

○ 150 001～250 000 元
○ 250 001～350 000 元
○ 350 001～450 000 元
○ 450 000 元以上

10. 家庭投资性金融资产金额 [单选题] [必答题]
○ 50 000 元及以下
○ 50 001～150 000 元
○ 150 001～250 000 元
○ 250 001～350 000 元
○ 350 001～450 000 元
○ 450 000 元以上

11. 家庭 2016 年参与的金融投资种类 [多选题] [必答题]
□ 股票
□ 基金
□ 理财产品
□ 保险
□ 外汇
□ 黄金
□ 其他金融投资

12. 家庭 2015 年参与的金融投资种类 [多选题] [必答题]
□ 股票
□ 基金
□ 理财产品
□ 保险
□ 外汇
□ 黄金
□ 其他金融投资

13. 家庭 2014 年参与的金融投资种类 [多选题] [必答题]

□ 股票
□ 基金
□ 理财产品
□ 保险
□ 外汇
□ 黄金
□ 其他金融投资

14. 家庭 2013 年参与的金融投资种类［多选题］［必答题］
□ 股票
□ 基金
□ 理财产品
□ 保险
□ 外汇
□ 黄金
□ 其他金融投资

15. 家庭 2012 年参与的金融投资种类［多选题］［必答题］
□ 股票
□ 基金
□ 理财产品
□ 保险
□ 外汇
□ 黄金
□ 其他金融投资

第三篇

基于 CPV 模型的土地市场波动对地方融资平台信用风险压力研究

李文颖

一、绪论

（一）研究背景

1994年我国实施分税制度改革，地方政府开始承担越来越多的公共事务支出，但由于预算法的约束，地方政府出现了建设资金短缺、融资方式有限的问题，在此背景下地方融资平台应运而生。地方融资平台是指由各级地方政府及其部门通过财政拨款或注入土地、股权、债券、规费等资产设立的拥有独立法人资格的经济实体，主要实现政府对外融资以投入市政建设、公用事业等领域的目的。融资平台的产生和发展对于我国加快市政公用基础设施建设、加速经济社会发展等发挥了重要的作用。

1）我国地方融资平台近年数量激增、举债规模过大，信用风险逐渐显现

2008年中央政府为应对全球金融危机，实施4万亿元刺激计划，地方融资平台开始迅速发展壮大。2009年，《关于进一步加强信贷结构调整促进国民经济平稳较快发展的指导意见》（银发〔2009〕92号）提出支持有条件的地方政府可以组建融资平台，发行债券、票据等融资工具，拓宽政府项目资金融资渠道。于是各地方政府开始纷纷加大融资力度，打造各类型的融资平台，也因此平台规模迅速扩大，数目激增，更成为银行信贷投放的主要目标。根据央行调研显示，2009年我国信贷规模达到9.5万亿元，其中主要流向之一就是有融资平台投资的固定资产项目。2011年审计署发布的《地方政府债务审计结果》显示，截至2010年末，我国融资平台数目已达6 576个。

同时，由于地方融资平台大规模举债，导致平台债务余额占政府债务的比例居高不下。根据审计署报告，截至2013年上半年，我国平台公司债务规模已达69 704亿元，占地方债务总规模约40%，占地方政府财政收入约60%。

然而伴随地方融资平台数量的激增、债务的积累，引发了人们对于融资平台债务问题的忧虑和偿还能力的质疑。平台承担的很多公共项目并没有直接经济收益，融资借款也多由地方政府提供担保，然而政府可用的财力有限，因此地方融资平台的信用风险开始逐渐显现。

2）地方融资平台信用风险受宏观经济因素的影响不容小觑，其中土地市场

波动因素尤为值得关注

地方融资平台信用风险的形成受到多方因素的影响，但随着我国宏观经济增速下行压力的不断加大，宏观因素对于平台信用风险的影响不容小觑。例如：经济发展增速的下降，将直接或间接影响融资平台经济收入，导致融资平台偿债出现困难，一旦演化成大规模的经济衰退，很容易引发局部甚至区域性的债务危机；贷款利率的提高，将增加平台的偿债负担和借贷压力，等等。

其中，土地市场因素对于融资平台信用风险可能产生的影响尤其值得关注。如果土地市场发生降温，土地价格骤降，土地资产相关收益将大幅减少，平台偿债能力缺失，信用风险就会加大。

目前地方融资平台尚未出现大规模的贷款违约现象，但未来几年是债务偿还的高峰期，如果一旦部分融资平台发生债务违约，便可能引发连锁反应，乃至出现区域性的债务危机。

鉴于以上的研究背景，本文对地方融资平台的信用风险进行系统深入地研究，分析其宏观的影响因素，并且进一步针对土地市场波动来研究其对融资平台信用风险的影响，具有重要的现实意义和长远意义。

（二）研究目的和意义

1. 研究目的

本文在已有的研究基础上，将运用信用风险理论、压力测试理论等，更为深入地探索和研究地方融资平台信用风险，旨在完成以下研究目的。

（1）对相关研究现状及理论基础做好梳理，厘清和明确地方融资平台的定义、分类、融资方式和还款来源等基本问题，并梳理总结融资平台信用风险的内涵及特征。

（2）深入分析影响地方融资平台信用风险的宏观因素，并重点研究土地市场波动对融资平台信用风险的传导机理。

（3）通过计量经济学方法，基于信用组合观点（Credit Portfolio View，CPV）模型构建地方融资平台信用风险传导模型，得到宏观影响因素与地方融资平台违约概率之间的关系。

（4）运用压力测试理论，进一步设计土地市场波动对地方融资平台信用风险的压力测试模型，以研究土地市场波动对其信用风险的冲击程度。

（5）以上海地方融资平台为例，运用所构建的土地市场波动对地方融资平台信用风险压力测试模型进行实证分析，并最终提出完善上海融资平台信用风险管理的相关建议。

2. 研究意义

本文运用信用风险理论、压力测试理论等研究分析地方融资平台的信用风险，具有一定的理论和实践意义。

1）理论意义

本文深入分析影响地方融资平台信用风险的宏观因素，重点研究论述了土地市场因素对融资平台信用风险的复杂的传导机理，并通过融资平台违约概率指标，将其与影响融资平台信用风险的宏观因素之间建立计量关系，进而在考虑变量交互影响关系的基础上研究土地市场波动对融资平台信用风险的冲击影响程度，丰富和完善了地方融资平台信用风险理论和压力测试理论。

2）实践意义

以上海地方融资平台为例，运用已构建的模型进行实证研究，分析土地市场波动对上海融资平台信用风险的影响程度，并根据模型结果提出完善上海地方融资平台信用风险管理的相关建议，可为政府相关部门、融资平台公司、银行等相关主体提供一定的参考和借鉴。

（三）研究内容和技术路线

1. 研究内容

本文基于选题背景，明确研究目的、意义、思路和方法，通过文献综述，梳理国内外对地方融资平台信用风险和地方融资平台风险压力测试的研究现状，从文献综述中获知已有研究的不足之处，并搜寻信用风险、压力测试等理论成果以指导研究。

（1）理论分析部分。本文首先梳理了融资平台的概况，重点厘清其定义、分类、融资方式和还款来源；接着，研究融资平台存在的信用风险，明确其内涵和特征，重点对平台信用风险的宏观影响因素进行深入的剖析，并进一步阐明土地市场波动对融资平台信用风险的传导机理。

（2）模型构建部分。本文首先基于CPV来构建地方融资平台信用风险传导模型，运用计量经济学方法在宏观影响因素和地方融资平台违约概率之间建立联系；并基于该模型，提出土地市场波动对地方融资平台信用风险的系统性假设情景压力测试方法，以研究土地市场波动对其信用风险的影响程度。

（3）实证分析部分。以上海为例，构建上海地方融资平台信用风险模型；同时，设置土地市场波动的压力情景对其执行压力测试；最后结合压力测试结果进行研究分析，并提出上海融资平台信用风险管理和改善的相关建议。

2. 技术路线

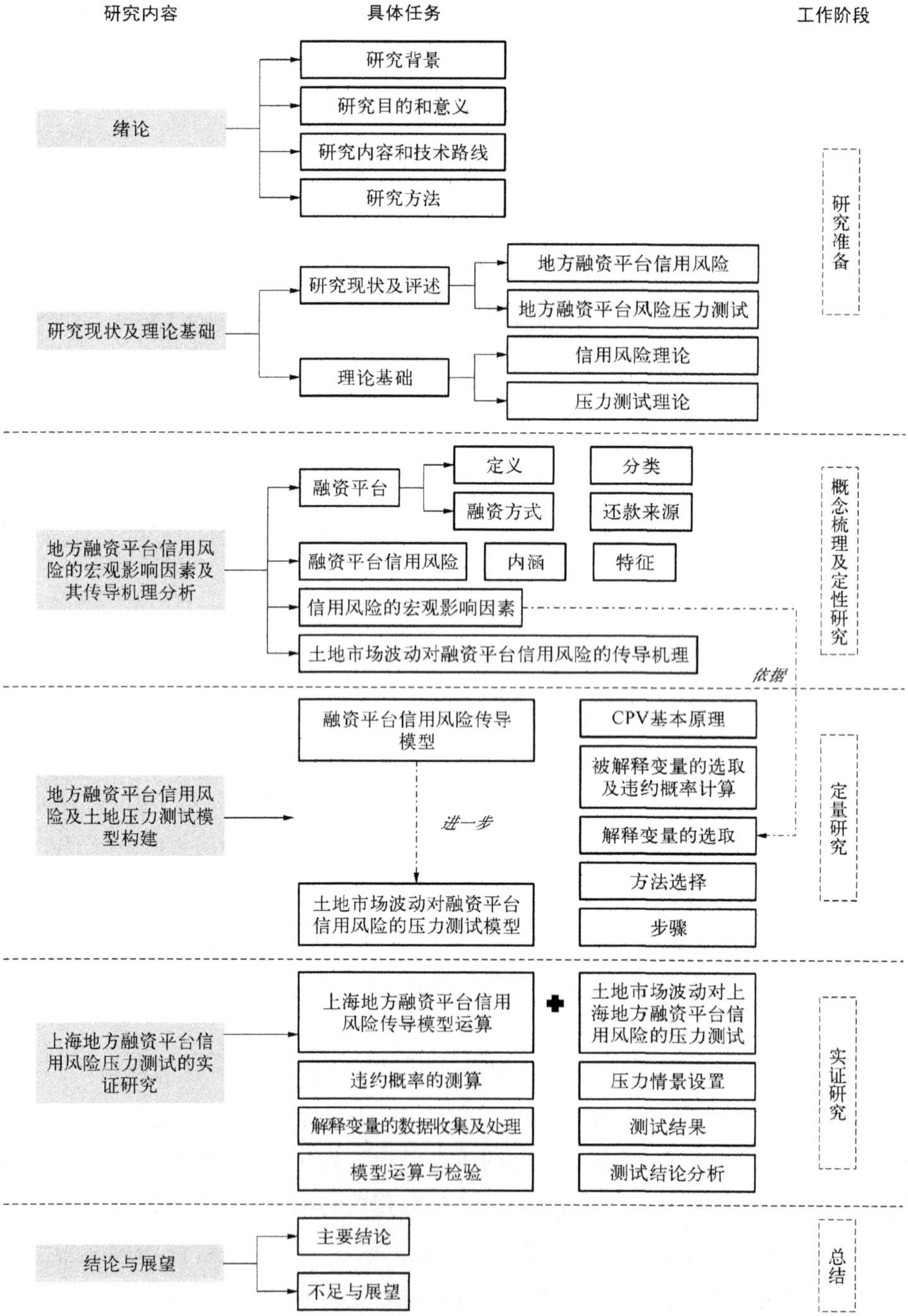

图 3－1　技术路线

（四）研究方法

(1) 文献检索法。本文通过文献检索工具等方法查阅国内外对融资平台信用风险和压力测试的相关研究成果，通过整理和归纳，形成对其理论和实践较为全面的认识，明确目前研究的主要成果和不足，提出本研究的设想。

(2) 定性分析法。本文在已有研究和信用风险、压力测试等理论的基础上，对融资平台的概况进行梳理，探索影响其信用风险的宏观因素，并进一步阐明土地市场波动对融资平台信用风险的传导机理。

(3) 基于CPV模型和压力测试模型的定量分析。基于宏观变量的CPV模型是分析宏观因素与信用等级关系的多因素模型。本文运用CPV模型来构建地方融资平台信用风险传导模型，运用计量经济学方法在宏观变量和融资平台违约概率之间建立联系。

压力测试模型是用来评估承受发生概率小但危害性大的因素冲击的过程。本文运用系统性假设情景分析方法，设计土地市场波动对地方融资平台信用风险的压力测试模型，以研究土地市场波动对其信用风险的影响程度。

(4) 实证分析法。本文以上海地方融资平台为例进行实证分析，构建上海地方融资平台信用风险模型，并设置土地市场波动的压力情景对其进行压力测试，最后结合压力测试结果进行研究分析，提出管理和改善融资平台信用风险的相关建议。

二、研究现状及理论基础

（一）研究现状及评述

通过检索 Emerald、Elsevier(爱思唯尔)、中国学术期刊网、万方数字资源系统、维普中国科技期刊网等数据库，结合本文的核心研究内容，文献综述将从以下两部分展开：一是地方融资平台信用风险的研究；二是地方融资平台风险压力测试的研究。

1. 地方融资平台信用风险研究

国外并无与地方融资平台直接对应的说法，根据检索的文献，与地方融资平台信用风险较为相近的是对地方债务风险的研究。而国内对于地方融资平台存在的信用风险已有一定的研究基础。总体来说，国内外学者们对于融资平台信用风险的研究主要从理论研究和度量方法进行展开。

1) 地方融资平台信用风险理论研究

(1) 形成原因。学者们从宏、中、微观分别对融资平台信用风险的形成原因进行了探究,包括宏观经济、地方政府、融资平台自身等方面。

宏观经济方面,Zimmerman(1977)和 Trzcinka(1982)提出由于经济发展具有不稳定性、政府政策具有不可预测性等,相较于同等信用级别的企业债券,市政债券的违约可能性更大。地方政府方面,Jun Peng,Peter F. Brucato(2004)提出政府信息披露不及时以及信息不够透明是政府债券市场信息不对称的重要原因。苗彬(2011)指出平台公司在很大程度上依靠政府财政担保,存在责任主体不明确、治理结构不健全、监督控制不完善等问题,容易发生债务规模过大、偿债能力不足的问题。融资平台自身方面,周佳嵋、李茜(2011)指出融资平台的资产负债率较高,但营利能力有限,会加大其信贷风险。

(2) 传导机制。学者们对于地方融资平台信用风险的传导机制也进行了一定的研究,主要集中于从房地产价格或土地价格的变化来探索信用风险的传导路径。贾银萍(2009)指出融资平台的贷款来源主要是银行贷款,一旦土地价值下跌,就会影响以土地收入为主的地方财政收入,从而降低政府偿债能力。凡晓俊(2013)分析了我国地方融资平台银行贷款的现状,阐述了银行贷款和还款来源间的传导机制。具体来说,当房地产行业开始萧条时,市场需求小于供给,地价和房价出现下降,以土地出让金为主的财政收入会大幅减少,导致平台的贷款本息偿还很可能出现问题,不良贷款率上升,信用风险明显加大。

(3) 地方融资平台信用风险度量研究。信用风险的度量方法主要可分为传统方法和现代方法两大类。传统的度量模型有很多种,美国金融学家 Anthony Saunders(1999)将其基本分为:专家法、评级法以及信用评分法。20 世纪末以来,国外在信用风险度量和管理上逐步深入,现代的度量方法大致包括基于宏观经济变量的 CPV 模型、基于期权定价的 KMV 模型、基于在险价值的 Credit Metrics 模型和基于保险精算的 Credit Risk+模型。沈沛龙等(2002)、程鹏等(2002)对几种信用风险度量方法进行了对比分析。

依托于信用风险度量方法研究的日趋成熟,学者们逐渐运用因子分析法、模糊综合评价法、Credit Metrics 模型、KMV 模型等对融资平台的信用风险进行了量化研究。吴慧娟(2010)通过建立平台信用评价指标体系,采用因子分析法对全国不同地区的 18 家融资平台进行实证研究,得出区域经济发展因子和财务结构因子对融资平台信用评级的影响最大。王国梁(2012)采用模糊综合评价法,建立评价指标体系并对平台进行信用评级。王丽(2012)运用 Credit Metrics

模型评估平台公司的贷款风险，结果表明 Credit Metrics 能够有效应用于平台信贷风险的度量和分析。梅建明等(2013)基于现代金融理论提出改进的 KMV 模型，并对上市融资平台进行实证分析，结果表明上市类融资平台存在一定程度的信用违约风险，应予以重视。

而对于基于宏观变量的 CPV 模型的运用，目前更多地还集中在商业银行信用风险、房地产贷款信用风险等，在地方融资平台信用风险中的应用还相对较少。程婵娟和邹海波(2009)、齐雅坤(2009)、尹航和南灵(2010)等学者基于 CPV 模型对我国商业银行房地产贷款信用风险与宏观变量之间的相关关系进行了研究。靳凤菊(2007)、吴华润(2009)等基于 CPV 模型，对房地产信贷违约率和房地产公司景气指数等宏观指标进行研究分析，证明了该模型的有效性。而基于 CPV 模型对融资平台信用风险的研究目前还较少，只有孙萌(2013)、贺一枝(2014)、孙东升等(2015)对其进行了探索(将在下文中结合压力测试法详细阐述)。

2. 地方融资平台风险压力测试研究

1) 风险压力测试研究

早在 20 世纪末，国外对于压力测试方面的研究就已经逐步开始。压力测试是由国际证券事务监察委员会(International Organization of Securities Commissions, IOSCO)于 1995 年最早提出的，定义为"分析在极端不利的市场环境下，资产组合所受影响的一种工具"。

国内外对压力测试方法及应用都做了大量的研究，主要运用于商业银行风险和地方融资平台风险等研究领域。针对商业银行各类风险压力测试的研究，孙连友(2006)、任宇航等(2007)、李江、刘丽平(2008)、周子元(2009)分别对我国商业银行信用风险的压力测试方法展开了研究。邵彩虹(2009)、刘莲花(2009)、舒特华(2009)等分别针对我国商业银行可能出现的市场风险和流动性风险进行了压力测试研究。针对地方融资平台风险的压力测试则主要集中在对其信用风险的研究上。

2) 地方融资平台风险压力测试的研究

目前，已有部分学者开始对地方融资平台信用风险压力测试进行研究，以测算在不同的情景变化下地方融资平台贷款质量和偿债能力受到的冲击程度。已有研究的基本思路是首先建立信用风险传导模型，主要有 Credit Metrics 模型、经济学模型等，而运用 CPV 模型的仅有少数几个研究；其次确定压力测试方法并设定压力情景(包括经济、行业等压力指标)；最终执行得到压力测试结果。

基于 Credit Metrics 模型的融资平台信用风险压力测试研究。许友传、陈可桢(2013)通过设置其资产价值的跳跃行为以及跳跃强度,来研究不同压力情景与平台公司信用风险之间的映射关系,并进行了压力测试。蒋斌(2014)对信用风险因素进行宏观、中观、微观不同层面的分析,引入 Credit Metrics 模型,假设四个压力指标并结合某银行融资平台贷款样本完成了压力测试。

基于 CPV 模型的融资平台信用风险压力测试研究。目前的几篇研究已较好地提供了从 CPV 模型构建到压力测试的基本思路,但仍存在几点不足:首先,对于 CPV 模型中的违约概率指标大多选择指标替代,也有学者提出估算方法但对其估算的理论基础尚未阐述清楚;其次,在进行压力测试时大多未考虑压力因子冲击所引起的宏观变量关联变化,或在估算关联变化时增加了变量之间的多重共线性,造成与 CPV 模型回归的前提条件存在一定矛盾。具体研究包括,孙萌(2013)运用 CPV 建立度量融资平台信用风险的计量经济模型,选取利息保障倍数替代违约概率指标进行模型估计,然后假设 GDP 增长率为压力因子,对处于压力情景下的平台违约率进行测试,但压力测试研究中未考虑压力因子变化对其他影响利息保障倍数的变量所可能带来的影响;孙东升等(2015)也选取利息保障倍数来替代违约概率,依次设置该指标为 1、3、5 三种情况作为判断是否发生违约的临界值来构建模型,然后选择 GDP 增长率、政府收支缺口率、贷款利率作为压力因子,运用历史情景分析法进行压力研究,该研究同样仅选取利息保障倍数来作为违约率的替代指标,同时也未考虑压力情境下各宏观变量的关联变化;贺一枝(2014)运用一种估算法来得出有担保类城投债的信用违约概率,然后与各大宏观指标进行回归分析,再选择 GDP 增长率以及土地价格增长率分别作为单因子,逐个进行压力测试,该研究尝试运用相关性法得到压力因子冲击所引起的宏观变量联动变化,但将其他宏观变量与压力因子分别做回归从而得到宏观变量变化值的方法却增加了 CPV 模型中宏观变量的多重线性关系,与 CPV 模型的回归条件存在一定的矛盾,并且该研究中对于违约率估算方法的理论基础尚未详细说明。

3. 研究评述

现有地方融资平台信用风险研究对于风险形成原因、传导机制及传导路径等方面已有较好的研究基础,但在构建信用风险度量和传导模型时,多采用模糊综合评价法、因子分析法、Credit Metrics 模型等,而对于基于宏观视角的 CPV 模型,目前更多地还集中运用于商业银行信用风险、房地产类信贷风险等。在地方融资平台信用风险传染模型的构建中，对于CPV模型中的违约概率指标大多选择指标替代(如利息保障倍数等)，也有学者提出估算方法但对其估算的理论基础尚未阐述清楚。

对于融资平台信用风险压力测试的进一步研究，已有的思路是在建立信用风险传导模型的基础上，设定压力测试方法和压力情景(包括经济、行业等压力指标)，并执行得到压力冲击结果。基于CPV模型的融资平台信用风险压力测试已有部分研究，但在完成压力测试时大多未考虑由压力因子变化所引起的其他宏观变量的关联变化，或在估算关联变化时增加了变量之间的多重共线性，造成与CPV模型回归的前提条件有所矛盾，如何科学地设置压力测试研究方案并考虑压力因子冲击下宏观变量关联变化是需要解决的问题。同时，虽然在信用风险传导机制中对于从房地产价格或土地价格的变化传导至信用风险已有一定的研究，但在信用风险传染模型和压力测试中对于土地市场因素波动的影响关系和极端情况下对信用风险的冲击程度仍具有进一步探索的必要性。

鉴于以上的梳理及总结，本文认为在已有文献基础上，要研究地方融资平台信用风险的宏观影响因素，重点剖析土地市场波动对其信用风险的传导机理；基于此，通过CPV模型对融资平台信用风险进行量化研究，准确地估算违约概率指标；进一步运用压力测试法，在考虑变量交互影响关系的基础上研究土地市场波动其对地方融资平台信用风险的冲击影响程度，是迫切需要且具有一定意义和价值的。

(二) 理论基础

1. 信用风险理论

1) 信用风险的定义

对于信用风险的定义分为传统观点和现代观点两种。

传统观点本身又进一步可以分为狭义和广义。狭义的信用风险即指信贷风险，由于各种不确定因素的存在，使债务人无法按时偿还贷款本利，从而导致银行等金融机构发生损失的可能性(汪东华，2007)。广义的信用风险即指双方经济主体签订合约，但到期时，一方经济主体不愿或不能履约，例如不偿还贷款本利、不提供约定服务等，而给另一方经济主体带来损失的可能性。狭义及广义定义的主要差异在于除偿债能力外，是否还考虑债务人的偿债意愿。实质上，广义的定义虽然同时考虑了偿债能力和偿债意愿，但仍将信用风险视为由于一方不履行合约而带来损失的可能性，即实际发生违约时才会产生损失。从某种意义上，广义的定义将信用风险等同于违约风险，但其实两者仍是不同的，违约风险仅是信用风险的一部分，前者侧重违约，后者则侧重损失。

现代观点在传统观点的基础上进行了拓展，指出："信用风险不仅包含违约风险，还包含由于债务人的履约能力和信用状况发生变化而致使债权人资产价值发生变动，进而遭受损失的风险"（叶蜀君，2008）。现代观点把信用风险分为三个层面：偿债能力、偿债意愿和信用等级变化所带来的潜在损失。由此可以看出，损失发生的可能性不但会出现在违约时，还会出现在违约发生以前。前者即信用违约风险，后者即信用级差风险。

本文所研究的信用风险主要是信用违约风险。

2）信用风险的成因

信用风险的形成原因可以分为内部因素和外部因素两种（崔萌，2013）。内部因素指银行机构的风险管理能力，其所面临的风险来源包括：一是信贷方式，根据有无担保可以分成信用贷款及担保贷款；二是债务人评级，例如信用评级、收入预期等；三是贷款行为，例如贷款定价、贷款期限等；四是贷款状态，例如不良贷款率等；五是银行授信人员职业素养，例如业务能力、道德素质等。外部因素指宏观经济状况、通货膨胀情况、利率波动等，这些宏观因素都会影响银行的资产质量。

本文讨论的主要方向是以外部宏观因素（尤其是土地市场波动）作为风险驱动因素，研究对地方融资平台信用风险的影响。

3）信用风险度量方法概述及比较

从20世纪末开始，金融市场竞争日趋激烈，产品多元化趋势显著，为避免和应对可能的风险，关于信用风险度量方法的研究也日趋完善，基本上可分为传统方法和现代方法两大类。

（1）传统信用风险度量方法。美国金融学者 Anthony Saunders（1999）将其主要分为三类：专家法、评级法和信用评分法（典型包括Z值和ZETA模型）。一是专家法，具体包括5C法、5W法、5P法等，由经验丰富的专家通过分析借款人的相关信息，对其资信品格、还款能力等进行评判和预测，以确定是否批准贷款。该方法简单，但受主观因素影响较大，结果极不稳定。二是评级法，具体包括OCC贷款评级、银行内部评级等，由专业机构按一定评级方法对企业信用行为的安全、可靠性程度做出评价，并以专用符号或文字形式表示，评级依据多包含企业的流动状况、权益状况、营利能力等。该方法从企业的经营实力和发展潜力等方面做出了较为综合的信用评价，但时效性较弱，不能够实时监控。三是信用评分法，其中最典型的是Z值模型和ZETA模型，通过选择部分反映借款人财务状况的比率，设计出区分贷款风险度的数学模型，从而对贷款申请人进行信用风险及资信评估。模型能够有效划分出将要破产的公司，具有较强的操作性和预测能力，但其线性函数形式的适用性有待考证，且模型需要定期更新和修正。传统信用风险度量方法主要针对简单金融变量做出定性分析和初级的定量分析，尚不能完全准确评估现代社会复杂市场环境下的信用风险。

(2) 现代信用风险度量方法。现代度量方法用复杂的数理模型描述信用风险发生的概率、损失程度等，并试图给予精确估计，目前应用较为广泛的主要有四种。一是基于宏观变量的CPV模型，即麦肯锡公司在1998年开发的分析宏观经济跟信用等级关系的多因素模型，根据GDP增长率、固定资产投资、利率等宏观因素，对任何行业中不同的违约率和等级转移概率的联合条件分布进行模拟。二是基于期权定价的KMV模型，即美国KMV公司在1997年提出的基于Merton期权定价理论开发的信用风险度量模型，用于估算借款企业资产的市场价值及其波动性，计算企业违约距离、预期违约率等。三是基于在险价值的Credit Metrics模型，即摩根在1997年开发的通过VaR来衡量风险的一种计量方法，通过确定信用资产组合的市场价值及其波动，建立资产组合的价值分布，最后得到一定置信度水平下信用资产组合的VaR。四是基于保险精算的Credit Risk+模型，即瑞士银行在1997年提出的基于统计学的贷款组合信用风险分析模型，假设信用风险只有违约和不违约两种状态，而且违约事件服从泊松分布，同时公司违约率的大小同资本结构无关，以此为前提度量预期损失、违约其损失及其变化。

表3-1对现代信用风险度量的四种主要方法进行了比较。

表3-1　四种现代信用风险度量方法的比较

模　型	CPV	KMV	Credit Metrics	Credit Risk+
理论基础	宏观经济模型（计量经济学）	期权定价理论	在险价值理论	保险精算（统计学模型）
风险驱动因素	宏观经济环境变化	上市公司资产价值变动	信用等级变动	自身驱动

续　表

模 型	CPV	KMV	Credit Metrics	Credit Risk+
优点	离散损失分布模型； 前瞻性、信息敏感性	理论基础扎实； 动态性、前瞻性	广泛的兼容性； 对信用等级的转移、违约相关性等变量具有整合性	数据要求低、计算简单； 可完整获得资产组合的违约概率和损失分布
缺点	数据要求高； 宏观变量未来值预测难度大	企业资产价值成对数正态分布的假定与事实不完全相符； 未考虑债务结构的变化	静态模型，前瞻性弱； 历史数据要求高	未考虑信用等级迁移的影响； 忽视各频段的违约率变化的可能性

2. 压力测试理论

1) 压力测试的定义

1995 年，国际证券事务监察委员会（IOSCO）最早提出了压力测试的概念，定义其为分析在极端不利的市场环境下，资产组合所受影响的一种工具。1996 年，巴塞尔委员会（BCBS）在《资本协议关于市场风险的有效补充》中指出并强调了压力测试对于银行及金融机构风险管理的必要性和紧迫性（Basel Committee on Banking Supervision，1996）。2000 年，国际清算银行（BIS）进一步完善了压力测试的含义，即在极端但可能发生的情形下，银行用来评估所受到的冲击的手段方法（Bank for International Settlements Committee on the Global Financial System，2000）。2004 年，巴塞尔委员会发布《巴塞尔新资本协议》，强调银行必须定期进行压力测试，以反映各种经济环境变化可能对信贷资产组合的不利影响。2007 年，中国银监会在《商业银行压力测试指引》中定义其为评估银行在假设的小概率事件等异常情景下可能产生的损失，是以量化分析为主的风险研究方法。压力测试已经成为银行及金融机构评估业务、资产组合在极端但可能的情况下风险表现的重要工具，在许多国家和领域中都有广泛的适用性。

2) 压力测试的方法

压力测试主要分为敏感性分析和情景分析两类方法。

(1) 敏感性分析（sensitivity analysis）。敏感性分析是用于研究当其他变量不变时，单一（或少数几个密切相关）变量变动对于资产组合质量的影响效果。这类方法的优点是能够重点研究一个变量变动的影响，但缺点是实际经济社会中很少存在只有单个变量改变的情况，往往是相关变量共同变化而产生作用。

(2) 情景分析(scenario analysis)。情景分析较敏感性分析更为复杂，该方法是设置各类可能发生的压力情景，来研究评估多因素作用下所造成的不利影响。

根据情景事件设定方法的不同分为两种。第一种方法是历史情景分析，即根据历史上发生过的风险因子的异常变动情况，测算该情境下对现在的资产组合能够造成何种影响。该方法的优点是情景设定具有一定的历史客观性，缺点是考虑到目前金融市场的快速发展，市场环境复杂，产品创新快，如果单纯按照历史事件将难以应用于这些新产品，而且这些新产品的价格也可能尚未出现过极端的情况，因此不能用历史情景分析法进行测试。第二种方法是假设情景分析，即依据经验自行设定各风险因子的变动情景。该方法在一定程度上使压力测试的情景设定更加完整，但也可能让测试结果存在一定的主观性。同时，假设情景分析法又可进一步划分成系统性假设情景分析和非系统性假设情景分析。

非系统性假设情景分析主要包括两种：一是最差情景分析，即依据资产组合的特征，评估在可能发生的最坏情境下会出现的最大损失；二是主观情景分析，即金融体系内部和外部的专家组建成专家组，由专家组确定风险因子并进一步假设各类可能出现的情景。这两种方法的缺点都是忽视风险因子之间存在的关联作用或者容易对相关性有错误的主观设定。

系统性假设情景分析克服了上述非系统性方法的缺点，主要包括三种：一是相关性法。Kupiec(1999)提出，依据历史情况估计风险因子之间存在的相关性，接着假定某些风险因子发生变化，并根据估计得到的相关性矩阵来确定其他风险因子的相应变化。Kim(2000)补充提出，在受到极端情况影响时，风险因子之间存在的常规相关性会发生变化，因此应选择极端情况时期的数据来估计得到“压力相关性”。二是蒙特卡洛模拟法。该方法也是目前比较常用的一种方法，它是采用随机模拟的方式自动生成压力测试情景，随机模拟法同时还能计算出损失条件下的值，在很大程度上解决了情景设定中主观性的问题。三是极值理论法。该方法是将极值理论运用于风险管理，针对可能出现的极端值和概率进行测算，但在实践中通常较难判断风险因子的实际分配是否按照假设进行。

表 3-2 压力测试方法分类

<table>
<tr><th>压力测试方法</th><th colspan="3">具体方法</th><th>是否考虑因子
之间的相关变化</th></tr>
<tr><td>敏感性分析</td><td colspan="3">单因素敏感性分析</td><td>否</td></tr>
<tr><td rowspan="3">情景分析</td><td colspan="3">历史情景分析</td><td>是</td></tr>
<tr><td rowspan="2">假设情景分析</td><td>非系统性</td><td>最差情景分析法、主观情景法</td><td>否</td></tr>
<tr><td>系统性</td><td>相关性法、蒙特卡洛模拟法、极值理论法</td><td>是</td></tr>
</table>

综合比较几种压力测试的方法，敏感性分析方法因其线性的假定且未考虑因子之间的相关变化，对于模拟复杂的现实经济状况效果不佳。情景分析方法中，历史情景分析虽能根据历史事件做出客观模拟，但未必能反映现时点下可能出现的极端情况。相较之下，假设情景分析虽具有一定的主观性，但却能对异常但可能发生的情形做出假设，尤其是系统性假设情景分析，将宏观变量之间的相互影响考虑在内，使得压力测试结果更为准确、有效。因此，本文在模型构建和实证部分选择系统性假设情景分析完成地方融资平台信用风险的压力测试研究具有一定的合理性。

三、地方融资平台信用风险的宏观影响因素及其传导机理分析

（一）融资平台概况

1. 定义及分类

地方融资平台，是指由各级地方政府及其部门通过财政拨款或注入土地、股权、债券、规费等资产设立的拥有独立法人资格的经济实体，主要实现政府对外融资以投入市政建设、公用事业等领域的目的。

地方政府同时承担项目融资和项目建设的双重任务，为了缓解政府建设资金紧张的压力，只能通过成立地方融资平台来实现市场化融资的模式。而作为政策性银行主营业务对象的地方融资平台因其具有强力的政府信用和信贷资本利润，也同时成为各家商业银行的重点业务方向。

地方融资平台设立出资时通常以财政拨款或注入土地、股权、收费权、债券等资产为主，其中主要以注入土地最为普遍（芦亮，2013）。根据平台主营业务与土地的相关性，本文将其分为三类：

一是城投土地收储类。该类融资平台以土地业务为主，包括土地收储、土地一级开发、土地出让及经营等。

二是城投市政建设类。该类融资平台以市政基础设施开发及运营业务为主，平台公司拥有一定的可供开发的土地资产，但公司本身不进行土地出让及经营行为。如供水、能源、道路、轨道交通等公共设施建设。

三是其他类。该类融资平台业务多元，包括科教文卫、农林水利、生态环保、工业能源等，这类公司不参与土地业务，公司资产中一般不涉及土地类资产。

2. 融资方式和还款来源

地方融资平台的主要融资方式包括四种：

一是银行贷款。融资平台向政策性银行（如：国家开发银行、农业发展银行等）和商业银行等金融机构获得贷款支持，但一般申请贷款时需要政府信用、抵质押等信用担保。

二是经营性转让。融资平台通过转让在建或已建成的基础设施来获取资金。

三是资本市场融资。包括股权融资、债券融资、基金信托等融资渠道。

四是项目融资。包括 BOT、TOT、ABS、PPP 等融资模式。

在上述的融资方式中，银行贷款和债券融资是目前平台公司主要的融资渠道。融资平台在进行银行贷款、债券融资时，主要采用抵押、质押、保证等方式来确保债务资金的安全，如：土地一级开发应收账款质押，土地使用权抵押，企业或项目资产抵押，政府信用作为增信、担保兜底（显性和隐性担保）等。

地方融资平台的还款来源主要包括三种：

一是土地资产相关收益。主要包括土地出让收益、土地一二级联动开发中房屋的销售收入、地方政府土地出让收入的返还部分。

二是项目未来经营现金流。融资平台根据其营利能力，可分成公益性、准公益性以及经营性（王玉华，2015）。其中经营性和准公益性地方融资平台，一般拥有市场化程度较高或具有一定营利能力的资产项目，如燃气、电力、自来水等。该类平台能够依靠自身经营现金流偿还债务。

三是平台再融资行为。主要指地方融资平台将所持的土地、房产等固定资产，或债券、票据等金融资产进行变现，或通过银行借贷、债券等发生再融资行为。

（二）融资平台信用风险概述

1. 融资平台信用风险内涵

地方融资平台实质上仍是企业，信用风险难以完全避免。本文所主要关注的是地方融资平台在融资过程中可能存在的信用违约风险，即由于地方融资平台不愿或不能履行合约，在规定的期限内无法履行给付承诺而给经济主体带来的收益的不确定性(汪东华，2007)。

2. 融资平台信用风险特征

由于地方债务的隐蔽性，使得除监管机构外的研究者在获取数据时受到较大的限制。为了分析融资平台的信用风险特征，本文通过采用以下方法建立的平台数据库作为分析基础依据。首先，根据银监会公布的地方融资平台目录清单(共10 853家)筛选出发行过债券或股票的融资平台名称；然后，利用中国货币网采集地方融资平台公开发行债券时披露的所有信息，包括审计报告、募集说明书、年报等，并利用Wind数据库提取地方融资平台的相关财务数据、股票数据、债券数据等。该基础数据库中共包括了1 363家地方融资平台，涵盖了各行业、各地区的融资平台。基于该数据库，本文进一步分析融资平台的信用风险特征。

1) 2008年后融资平台举债规模迅速增大，资产负债率不断波动

从企业资产和负债来看，2008年后地方融资平台资产和负债均呈现出非常明显的增长趋势，到2013年为止，总负债达219.9千亿元，平均年增长率达53%；总资产达388.8千亿元，平均年增长率达48%。

从资产负债结构来看，整体上地方融资平台资产负债率不断波动，波动幅度约±4%(图3-2)。

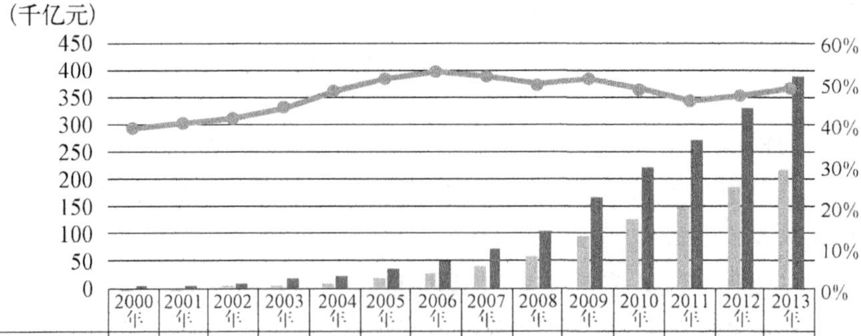

	2000年	2001年	2002年	2003年	2004年	2005年	2006年	2007年	2008年	2009年	2010年	2011年	2012年	2013年
总负债/千亿元	1.16	1.64	4.49	7.11	11.45	18.56	26.90	40.55	57.98	97.50	126.8	151.9	184.9	219.9
总资产/千亿元	2.97	4.11	9.62	14.45	21.39	32.98	46.96	71.25	103.4	165.2	220.4	269.8	331.6	388.8
资产负债率	39%	41%	42%	44%	48%	51%	53%	52%	50%	52%	49%	46%	47%	49%

图3-2 2000—2013年地方融资平台资产负债结构变化

2) 近年融资平台营利能力及偿债能力表现均较弱

根据收集的地方融资平台数据，从资产经营和偿债能力两方面分析地方融

资平台的经营情况。

在资产经营方面，选取净资产收益率(ROE)和总资产报酬率(ROA)指标来衡量。净资产收益率反映股东权益的收益水平；总资产报酬率反映全部资产(包括净资产和负债)的整体获利能力。2012—2015 年，地方融资平台平均 ROE 和 ROA 均持续下降。2015 年平均 ROE 为 2.47%，低于三年期定期存款利率 2.75%；平均 ROA 为 2.33%，远小于制造企业 5%～10%的总资产报酬率。由此得出，融资平台整体经营情况较差，获利能力较弱。

在偿债能力方面，主要用速动比率指标考察企业流动资产中能够立即变现用来偿还流动负债的能力。2012—2015 年，所有地方融资平台的平均速动比率也呈现持续下降的趋势，至 2015 年为 1.91%，短期偿债能力较弱(图 3-3)。

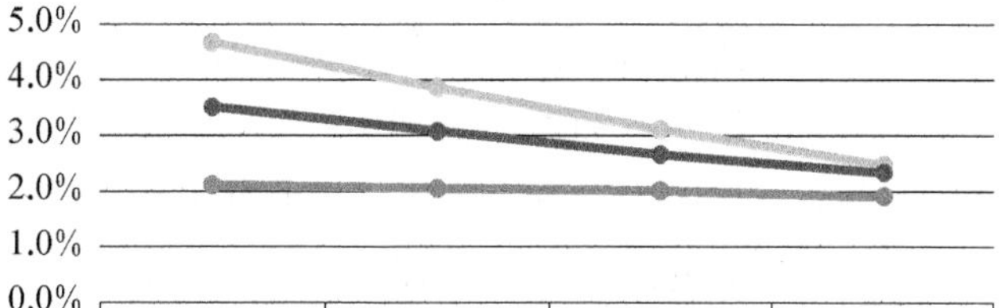

	2012年	2013年	2014年	2015年
平均净资产收益率	4.67%	3.85%	3.11%	2.47%
平均总资产报酬率	3.51%	3.08%	2.66%	2.33%
平均速动比率	2.11%	2.05%	2.01%	1.91%

图 3-3　2012—2015 年地方融资平台资产经营和偿债能力指标变化

3) 融资平台土地资产占比较大，受土地市场风险影响较大

2013 年地方融资平台所拥有的土地资产合计 6.8 万亿元，其中住宅类土地资产占比最大，为 46%，其次为商业类土地资产，占比为 20%(图 3-4)。

我国地方融资平台庞大的债务主要来源于土地的抵押、质押、信托和担保，且融资总额与土地收入高度相关(付忠财等，2012)，还款来源也高度依赖土地财政收入。许多学者，如俞瑶(2010)、冯兴元(2011)等，已经通过对融资平台贷款数据的调查和分析，提出融资平台贷款与土地市场风险存在着直接的关系。

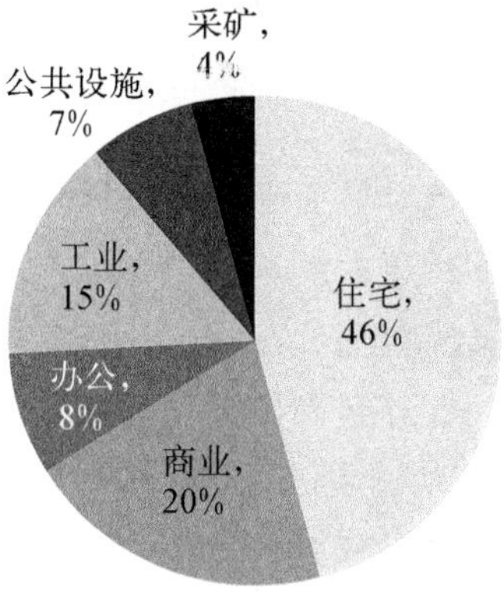

图 3-4　2013 年地方融资平台的土地类资产结构

由上述分析，许多地方政府依托融资平台过度举债已接近极限，但地方融资平台自身的营利能力和偿债能力却较弱，相关风险控制机制尚不健全，因此就带来了潜在的信用风险问题。融资平台以土地为杠杆进行融资，又经由土地出让获得收益，这样的土地经营城市化方式，很可能会因为外部经济环境的变化而引发信用风险（薛昶，2015）。

地方融资平台信用风险一旦爆发，对整个经济危害巨大，因此也早已引起了国务院和财政部的高度重视。2010 年，《国务院关于加强地方政府融资平台公司管理有关问题的通知》（国发〔2010〕19 号文）要求各地方上报融资平台债务清理核实情况；2014 年，《国务院关于加强地方政府性债务管理的意见》（国发〔2014〕43 号文）的核心内容是要求对地方政府债务实施规模控制以及预算管理；随后《地方政府存量债务纳入预算管理清理甄别办法》（财预〔2014〕351 号）提出融资平台债务性质，划分平台债务归属办法，实现平台市场化转型；2016 年，《关于规范土地储备和资金管理等相关问题的通知》（财综〔2016〕4 号）欲清整管理城市基础设施投融资平台的债务及相关问题。

然而必须注意的是融资平台在实施转型发展的过程中，却也可能加重其信用风险的程度。一是清理甄别本身就是地方政府与融资平台之间的博弈，为了增加未来的发债规模，地方政府会尽量减少自身债务，而将其更多地归给融资平台；二是 2014 年的 43 号文以及 351 号文进一步收紧了融资平台的融资渠道，对其资金流动性形成较大的压力；三是长期以来平台公司存在借由“展期”来转移风险的做法，如果地方政府不再能够为其提供担保，便可能增加其违约概率；四是实际上融资平台存在互相担保的情况，一旦某些平台公司发生违约，很可能牵连其他平台公司。

（三）融资平台信用风险的宏观影响因素分析

地方融资平台信用风险的形成受到多方因素的影响。随着我国宏观经济增速下行压力的逐渐增大，尤其是如果土地市场开始降温，平台经营性收入减少，融资成本上升，就可能导致融资平台发生违约现象。

部分学者已经对影响融资平台信用风险的宏观因素进行了研究。孙东升等（2015）通过构建 CPV 模型研究宏观变量对平台信用风险的影响，选取 820 家融资平台数据进行实证研究，结果表明，GDP 增长率、固定资产投资增长率、贷款利率和财政收支缺口率对融资平台信用风险有显著影响。贺一枝（2014）选取 25 个有担保类城投债的融资平台数据进行研究，结果显示，GDP

增长率、居民消费物价指数、货币供应量增长率等对融资平台违约概率有显著性的影响。

本文在已有研究成果的基础上，结合我国宏观经济发展的实际情况，尤其是进一步考虑土地市场的影响，主要从国民经济、财政货币、土地市场三个方面对影响融资平台信用风险的宏观因素进行分析论述。

1. 国民经济因素

国民经济即指宏观经济运行状况，是所有经济体赖以生存的基础，对行业、企业的生产及经营具有重要的影响（孙继伟等，2011）。市政建设、公用设施等项目，作为地方融资平台的主要投资项目，营利能力多取决于国民经济的发展，因此融资平台的信用风险与国民经济状况有很大的相关性（王琳，2013）。若国民经济保持较高的增长速度，发展走势良好，则地方融资平台的宏观发展环境较好，地方融资平台的偿债能力也相应增强，信用风险相对较小；若国民经济呈现下滑趋势，则地方融资平台的发展速度将放缓，地方融资平台的偿债能力也相应降低，信用风险相对较大。

国民经济指标一般包括国内生产总值、居民消费价格指数、全社会固定资产投资总额等。

(1) 国内生产总值作为国民经济核算的核心指标，是指一个国家或地区经济中所有常住单位在一定时期内（一个季度或一年），所生产出全部最终产品和劳务的价值（徐亚鹏，2006）。国内生产总值能够反映影响地方融资平台的外部宏观经济的总体情况。宏观经济好坏能够直接或间接改变融资平台的外部环境，对其营利能力产生影响，从而进一步影响融资平台的偿债能力。

(2) 居民消费价格指数能够反映一定时期内居民所消费商品及服务的价格水平变动趋势以及变化的相对程度（雷辉，2009）。居民消费价格指数的变化反映原材料、抵押物价值、工资等的变动，影响着融资平台的经营成本，直接或间接影响其经营状况，对平台的偿债能力产生影响。

(3) 全社会固定资产投资是建造和购置固定资产的经济活动，是反映投资规模、结构比例的综合性指标（雷辉，2009）。全社会固定资产投资能够影响地方融资平台的规模扩张能力，从而影响融资平台的债务水平及还款能力。

2. 财政货币因素

地方融资平台的银行贷款多为中长期，在借款期限内，如果财政或货币政策等发生调整变化，都可能影响融资平台的经营和运作。宽松的财政政策能够刺激投资、促进消费、拉动经济增长，而紧缩的财政政策则会抑制投资消费，减缓经济发展速度。同样地，货币政策也是政府调整经济增长的常用手段，宽松的货币政策能够让更多的货币在市场上流通，刺激投资消费，而紧缩的货币政策则能减少市场上的闲钱，抑制投资消费（吴慧娟，2010）。一旦财政和货币政策收紧，将减缓政府对市政公用设施等的投资规模及力度、增大平台融资成本，不利于地方融资平台的经营发展，其信用风险就会随之上升。

财政货币指标一般包括贷款利率、货币供应量等。

（1）贷款利率是指贷款期限内利息与本金的比例，在宏观经济调控中尤为重要。利率作为出让货币的价格，是筹融资成本的决定因素，贷款利率的高低将直接影响地方融资平台的债务成本，进而影响其信用风险。

（2）货币供应量一般包含金融机构存款、流通中现金等货币，根据货币流动性，从强到弱可划分为流通中现金（M0）、狭义货币供应量（M1）以及广义货币供应量（M2）（何问陶，2007）。其中，M2 作为广义货币，在 M1 反映现实购买力的基础之上，还反映潜在的购买力。货币供应的数量及流动性是社会总需求变化的货币表现，能够影响地方融资平台的资本实力及资本市场的可贷资金规模，从而影响融资平台的信用风险。

3. 土地市场因素

按照前文分析，土地市场已成为融资平台的主要风险源之一。地方融资平台的债务偿还很大一部分依赖土地资产相关收益，并且大多贷款以土地房屋作为抵押品，因此土地交易量和土地价值因素的变化对地方融资平台整体还债能力有着很大的影响。

土地市场波动指标一般包括土地成交价格、土地成交面积等，同时由于地方融资平台土地类资产结构包括住宅、商业、工业等，因此也可通过区分土地类型探究其市场波动对融资平台信用风险的影响大小。

（四）土地市场波动对融资平台信用风险的传导机理

1. 对融资平台信用风险的直接影响

1）对融资平台存量债务偿债能力的影响

土地市场波动所引发的土地资产相关收益的变动。根据前文，融资平台债务偿还的重要来源之一就是土地资产的相关收益。一旦土地市场发生波动，土地价值和土地交易量出现下降时，地方融资平台的土地出让收益、土地一二级联动开发中房屋的销售收入、地方政府土地出让收入的返还部分等经营性现金流均会相应减少，使得融资平台期初发行在外的债务存量相对于土地资产收益流量更大(Kiyotaki N.,1997),进而容易产生偿债缺口,出现收不抵支的偿债支付风险,增加融资平台潜在的违约概率。由此可以得出,“土地市场萧条—土地资产相关收益减少—存量债务偿债能力下降—信用风险显现”的风险传导路径。

土地市场波动所引发的土地抵/质押物价值的变动。地方融资平台在进行银行贷款、债券融资时,主要采用抵押、质押、保证等方式来确保债务资金的安全,但地方融资平台存在抵押物、质押物过量集中于土地的现象。对于平台存量债务,当土地市场发生波动,土地价值和交易量出现下降时,土地抵押资产价值开始下跌,会影响银行对于平台公司偿债能力和信用等级的评估,平台公司又难以补充其他合格有效的抵质押品,将造成抵押物不能处置,债务无法按期偿还。极端情况下,当抵押品价值下跌幅度过大时,融资平台可能选择放弃抵押物所有权而发生债务违约,此时风险就转移至债务人(如银行等),而债务人为了获取流动性将在短期内大量抛售土地资产,急速增加的土地市场供给量又将进一步加快土地价格的下跌,对土地市场造成更严重的冲击,引发多米诺连锁效应,最终进一步放大平台公司的违约可能性。由此可以得出,“土地市场萧条—土地抵/质物价值减少—存量债务偿债能力下降—信用风险显现”的风险传导路径。

2) 对融资平台增量债务融资能力的影响

现实情况中,融资平台在偿还债务时很大一部分是通过借新还旧的再融资方式,并且变得越来越严重(钟辉勇等,2015)。这种通过增量债务偿还存量债务的做法,如果平台公司借新还旧的资金链受到破坏,无法通过再融资渠道获得资金,其违约风险就可能会显现。

土地价值和土地交易量下跌,会降低土地的抵押价值,进而影响融资平台偿债能力。如果平台当期现金收入无法覆盖当期应偿还的本息和时,就必须通过再融资的方式获取流动性资金,弥补当期流量差额,规避现金性偿付风险。再融资的途径包括资本市场上短期借贷、债券发行等。

对于增量债务,银行或金融机构主要考察抵押品价值和良好的企业信用。但如果土地市场持续低迷,融资平台可用于抵押的土地资产价值也将下降,同时由于银行是根据融资平台的市值计量资产负债表状况从而评价公司的偿债能力(而非账面价值),因此资产价格的下跌,也会导致平台信用等级的降低。综合来说,融资平台公司再融资难度增加,所能获得的贷款数额大幅减少,融资平台极易发生现金性支付风险,违约风险增加。

由此，可以得出“土地市场萧条—抵押品价值下降及平台信用等级降低—增量债务融资能力下降—信用风险显现”的风险传导路径。

2. 与其他宏观因素互动下的影响

以上主要分析了土地市场发生波动对地方融资平台信用风险的直接传导路径，但土地市场波动作为宏观因素之一对地方融资平台信用风险的传导影响并不仅限于这两者之间，许多学者还指出也必须要思考宏观因素间的互动作用影响。也就是说，由于宏观经济变量之间存在相关影响和传染性，可能互为因果，因此当某个宏观风险因子发生不利变化时，可能将自身的这种变化传导至其他风险因子中去，诱发其共同产生变化，从而造成更大的破坏。

实际上，由于土地及房地产市场与宏观经济的高度相关性，土地市场的波动可能会对大部分经济部门造成影响。我国的宏观经济发展和房地产市场不论在短期还是长期内都有着一定的整体互动关系(胡谍，2011)。许多学者也已经对土地市场(房地产市场)与宏观经济之间的互动机制进行了相关研究，普遍认为土地市场(房地产市场)和宏观经济之间有着双向互动关系，既互相拉动又互相牵制(李颖，2011)。土地(房地产)价格主要通过投资和消费渠道对宏观经济发展产生影响；而宏观经济对土地(房地产)价格的作用主要是随着经济周期而发生的，土地(房地产)价格波动反过来也会影响经济周期的变化(孔冬蕊，2011)。

基于这种互动影响，本文所重点关注的是土地市场波动对其他宏观因素的传染影响。土地市场波动主要通过投资、消费、通货膨胀、财政货币等对宏观经济发展状况产生影响(齐讴歌，2011)。其影响大致包含三个阶段：

第一阶段是土地市场波动对直接相关产业的影响，由于具有产业链长、辐射效应显著等特征，房地产行业波动往往能够对许多密切相关的产业造成较大的冲击影响。从产业间供需关系来看，房地产行业对直接相关产业具有后向和前向的关联效应(王国军等，2004)。

第二阶段是土地市场波动对间接相关产业的影响。房地产行业不仅能够带动直接相关产业的繁荣，同时也会由于产业间联系、信用扩张、市场良好的预期等，带动间接相关的上下游部门的发展，从而导致风险蔓延和扩散至这些间接相关的行业。尤其是市场投机所带来的超额利润会吸引大量投机者，于是土地及房地产市场泡沫一旦破灭，市场开始下行，将造成风险在更大范围的行业及部门中爆发。

第三阶段是土地市场波动在整体宏观经济体系中的影响。当土地市场风险爆发时，土地价值不断下跌，可能会引发恐慌性抛售进而对市场体系造成严重影响。随着土地市场下行所带来的影响在直接和间接相关产业中不断传染，必然会向更多经济部门和产业蔓延，造成国民经济在投资、消费、产出等各方面出现问题，最终导致宏观经济整体产生危机。此外，宏观经济基本面的根本性变化又会引起货币和财政政策的调控，尤其是货币存量水平的变化。在土地市场、国民经济与宏观政策的综合作用下，使得由土地市场波动导致的风险在整体宏观经济体系中扩散开来。

由此可以得出，土地市场波动将引起其他宏观因素的变动，进而对地方融资平台信用风险产生更为综合和复杂的影响，即得到"土地市场萧条—直接/间接相关产业间传染—其他宏观因素相应变化—信用风险显现"的风险传导路径。

四、地方融资平台信用风险及土地压力测试模型构建

为研究土地市场波动对地方融资平台信用风险的冲击影响，本章通过CPV模型建立宏观影响因素和融资平台信用风险之间的关系，并运用压力测试模型研究土地市场波动作为压力因子，对融资平台信用风险的影响程度。

（一）融资平台信用风险传导模型构建

1. CPV模型基本原理

实践证明资产信用级别的改变和经济周期有着极大的关联性，尤其是对于信用较差的信贷，这种关联性更加突出，一般情况下经济萧条时期的信用降级和违约概率会显著大于经济景气时期。基于这种经济规律，1998年麦肯锡公司的Saunders和Wilson研究出了一种多因素模型，即CPV模型，从宏观经济的角度来研究分析借款人信用等级的变化以及贷款组合的风险。

模型的基本思路是：首先得到不考虑宏观因素冲击的无条件信用等级转移概率矩阵（初始违约概率），然后针对影响信用等级转移概率矩阵（初始违约概率）的宏观因素构建一个宏观因素冲击模型，由此便能够根据变化的宏观因素得到有条件信用等级转移概率矩阵（经调整的违约概率）。该模型在数据可得的条件下，能够应用到任何国家、行业部门和各种类型的信用个体（谢琴花，2012）。

CPV模型的核心是假设代表信用风险的违约概率是一个Logit函数，以违约概率为被解释变量，一系列宏观因素为解释变量，建立多因素回归模型来得到

信用转移概率和违约分布。

首先，CPV 模型认为违约概率 P 是宏观变量 Y 的 Logit 函数。

$$P=\frac{1}{1+e^{-Y}} \tag{3-1}$$

通过变换即可得到：

$$Y=\ln\left(\frac{P}{1-P}\right) \tag{3-2}$$

式(3-2)对违约概率 P 通过 Logit 转换得到 Y，即将取值在 0—1 的 P 值变换为取值在$(-\infty,\ +\infty)$的 Y 值，由于该函数严格单调递增，因此 P 与 Y 有相同的数据特征。

其次，CPV 模型假设 Y 与各宏观因素之间服从线性关系，将 Y 作为被解释变量，各宏观因素作为解释变量，建立多元回归分析模型。

最后，CPV 模型对各宏观变量建立自回归模型。

CPV 模型的公式如下：

$$Y_t=\ln\left(\frac{P_t}{1-P_t}\right),\ t=1,\ 2,\ \cdots,\ N \tag{3-3}$$

$$Y_t=a_0+a_1X_{1,t}+a_2X_{2,t}+\cdots+a_kX_{k,t}+\mu_t$$
$$\mu_t \sim N(0,\ \sigma^2) \tag{3-4}$$

$$X_{i,t}=\varphi_{i,0}+\varphi_{i,1}X_{i,t-1}+\varphi_{i,2}X_{i,t-2}+\cdots+\varphi_{i,p}X_{i,t-p}+\varepsilon_{i,t},\ i=1,\ 2,\ \cdots,\ k$$
$$\varepsilon_t=(\varepsilon_{1,t},\ \varepsilon_{2,t},\ \cdots,\ \varepsilon_{k,t}) \sim N\left(0,\ \sum\nolimits_{\varepsilon}\right) \tag{3-5}$$

$$e_t=\begin{pmatrix}\mu_t\\ \varepsilon_t\end{pmatrix} \sim N\left(0,\ \sum\right),\ \sum=\begin{pmatrix}\sigma^2 & \sum_{\mu\varepsilon}\\ \sum_{\mu\varepsilon} & \sum_{\varepsilon}\end{pmatrix} \tag{3-6}$$

P_t表示 t 时刻的违约概率，Y_t为 t 时刻违约概率的 Logit 转换值，$X_{i,t}$表示 t 时刻第 i 个宏观变量，μ_t和 ε_t表示服从独立同分布的随机误差项，a_0，a_1，…，a_k；$\varphi_{i,0}$，$\varphi_{i,1}$，…，$\varphi_{i,p}$都是 CPV 模型的待估系数。

式(3-5)为宏观变量的自回归模型，CPV 假定其服从二阶自相关。

考虑到宏观变量间可能存在一定的关联性，CPV 模型引入协方差矩阵 $\sum$，使其更符合现实情况。

2. 被解释变量的选取及违约概率计算

本文在构建 CPV 模型时选取融资平台的违约概率作为被解释变量。已有研究中违约概率的测算仅选择替代指标或者较为粗糙的估算方法，因此本文对其进行改进，选取 CCA 方法估算上市融资平台的违约概率，选取 PFM 方法估算非上市融资平台的违约概率。

1）上市融资平台的违约概率计算

CCA(Contingent Claims Analysis)方法起源于 Black 和 Scholes(1973)、Merton(1973)对期权定价理论模型的开创性研究。Gray、Merton 和 Bodie (2003、2007)将期权定价理论引入资产负债表，拓宽了该方法的应用范围，以衡量金融风险。CCA 方法的核心在于提出未定权益的概念，结合资产负债表数据和市场数据，对风险进行研究(毛建林等，2015)。

国外对 CCA 的运用已逐步深入，而国内对 CCA 的研究起步相对较晚，但也有不少学者已经给出了相关研究成果。IMF(2009)通过 CCA 方法计算了瑞典等国家在金融危机前后银行体系出现的风险变化情况；Antunes 和 Silva(2010)对葡萄牙银行体系风险进行了实证研究；宫晓琳(2012)将 CCA 方法和网络模型相结合，对我国宏观金融风险综合传染机制进行研究；巴曙松等(2013)介绍了 CCA 及扩展 SCCA 方法。

CCA 方法主要基于以下三个假设来进行分析：① 负债价值基于资产；② 资产价值服从随机过程；③ 权益具有不同的优先等级。

CCA 方法的计算公式如下：

$$V_E = V_A N(d_1) - De^{-r(T-t)} N(d_2) \tag{3-7}$$

$$\sigma_E = \frac{N(d_1)V_A}{V_E}\sigma_A \tag{3-8}$$

推出：

$$V_A = \frac{V_E + De^{-r(T-t)} N(d_2)}{N(d_1)} \tag{3-9}$$

$$\sigma_A = \frac{V_E}{V_A N(d_1)}\sigma_E \tag{3-10}$$

其中：

$$d_1 = \frac{\ln\left(\frac{V_A}{D}\right) + \left(r + \frac{\sigma_A^2}{2}\right)(T-t)}{\sigma_A \sqrt{T-t}} \tag{3-11}$$

$$d_2 = \frac{\ln\left(\frac{V_A}{D}\right) + \left(r - \frac{\sigma_A^2}{2}\right)(T-t)}{\sigma_A\sqrt{T-t}} \tag{3-12}$$

式中，V_A 为资产市场价值；V_E 为权益（股权）市场价值；σ_A 为资产市场价值的波动率；σ_E 为权益（股权）市场价值的波动率；T 为债券到期日；t 为当前时点；$T-t$ 为债券剩余期限；r 为无风险利率；D 为负债的账面价值。本文参考其他学者的研究方法，取 $D = STD + 0.5LTD$，其中，STD 为企业短期负债，LTD 为企业长期负债；$N(d)$ 是标准正态分布的累积概率分布函数。

在上面的式子中，除 V_A 和 σ_A 外，其余指标均可获得，因此联立 V_A 和 σ_A 的表达式形成方程组，运用 Newton - Raphson 迭代法，即可求出 V_A 和 σ_A。

进而可以利用式(3 - 13)和式(3 - 14)计算出违约距离(DD)以及违约概率(P)两个指标，以达到量化信用风险的目的。

$$DD = d_2 = \frac{\ln\left(\frac{V_A}{D}\right) + \left(r - \frac{\sigma_A^2}{2}\right)(T-t)}{\sigma_A\sqrt{T-t}} \tag{3-13}$$

$$P = N(-DD) \tag{3-14}$$

2) 非上市融资平台的违约率计算

CCA 方法只适用于上市公司，而对于非上市公司的违约概率计算，KMV 公司于 1999 年提出了 PFM 方法(Private Firm Model)。

PFM 方法认为属于相同地区和行业的上市公司和非上市公司，如果拥有相似的营利能力和资产规模，那么外部因素变动对这些公司产生的影响也是相似的，两者的资产价值及其波动率的变化有较强的关联性，因此非上市公司就可以根据和它相类似的上市公司的财务数据和股票价格来估计能够影响其违约概率的重要指标(周科，2006)。

首先，按 CCA 方法计算同类行业上市公司的资产价值 (V_A)，资产价值的波动定率 (σ_A)，并按式(3 - 15)～式(3 - 17)计算相对获利能力 (PR)，对数销售额 (S) 和相对资产市值 (VR)。

$$PR = \frac{EBITDA}{BOOKASSET} \tag{3-15}$$

$$S = \ln(SALES) \tag{3-16}$$

$$VR = \frac{V_A}{BOOKASSET} \tag{3-17}$$

其中，$EBITDA$ 是税息折旧及摊销前利润；$BOOKASSET$ 是账面总资产；$SALES$ 是主营业务收入。

接着，采用对比中位数的方法计算得到非上市公司的 V_A 和 σ_A，具体如下。

估计非上市公司的 V_A：

① 根据式(3-15)计算非上市公司的 PR；

② 从与非上市公司同类行业的上市公司中选择与其 PR 相近的数家；

③ 将选择的数家上市公司的 PR 进行依次排序，找出其中位数所对应的上市公司的 VR 当作该非上市公司的 VR；

④ 将 VR 乘上非上市公司的 $BOOKASSET$ 得到该非上市公司的 V_A。

估计非上市公司的 σ_A：

① 根据式(3-16)计算非上市公司的 S；

② 从与非上市公司同类行业的上市公司中选择与其 S 相近的数家；

③ 将选择的数家上市公司的 S 进行依次排序，找出其中位数所对应的上市公司的 σ_A 当作该非上市公司的 σ_A。

最后，根据所获得的非上市公司的 V_A 和 σ_A，进一步计算得到违约距离和违约概率(同 CCA 方法)。

3. 解释变量的选取

本文将影响地方融资平台信用风险的宏观因素作为 CPV 模型的解释变量。根据前文的分析，分别从国民经济因素、财政货币因素、土地市场因素三个方面选取若干代表指标，具体如表 3-3 所示。

表 3-3　解释变量的指标选取

宏观影响因素	解　释　变　量	与地方融资平台违约概率的预期关系
国民经济因素	国内生产总值	—
	居民消费价格指数	+
	全社会固定资产投资总额	+
财政货币因素	银行 3 至 5 年中长期贷款利率	+
	广义货币供应	—
土地市场因素	成交土地楼面均价	—
	成交土地占地面积	—

表 3 - 3 中给出了各解释变量与融资平台公司违约概率的预期关系："+"表示解释变量与融资平台违约概率之间呈正相关关系；"—"表示解释变量与融资平台违约概率之间呈负相关关系。

根据前文的分析，可得地方融资平台所拥有的土地资产中住宅类土地资产占比最大，其次为商业类土地资产，因此在实证研究中，土地市场因素又可以进一步分为住宅用地和商服用地进行研究。

（二）土地市场波动对融资平台信用风险的压力测试模型构建

1. 压力测试方法选择

本文运用压力测试模型构建土地市场波动对融资平台信用风险的影响模型。在宏观领域中，压力测试主要是用作评估整个金融体系在面临"极端但可能"的宏观因素冲击时所受到的不利影响。

综合比较几种压力测试的方法，敏感性分析方法因其线性的假定且未考虑因子之间的相关关系，对于模拟复杂的现实经济状况效果不佳，因此本文选择假设情景分析法，将土地市场波动作为压力因子，研究土地市场波动对融资平台违约概率指标（信用风险）的冲击影响。

2. 压力测试步骤

1）设置压力情景

对压力因子分别设计不同的压力情景，并在不同情景下设置土地市场波动指标的变动幅度。

2）确定压力冲击下其他宏观变量取值

在确定压力情境的前提下，估计其他宏观变量值。如非系统性假设情景分析未考虑风险因子之间的互动影响，测试结果可能无法准确反映复杂的实际情况，所以本文选取的是系统性假设情景分析，通过蒙特卡洛模拟法模拟得到其他宏观变量的估计值，以得到土地市场波动对其他宏观因素的互动影响，使得压力测试的结果更加真实有效。具体方法如下：

① 将宏观变量自回归残差项的方差-协方差矩阵 $\sum_{\varepsilon}$ 进行 Cholesky 分解：

$$\sum_{\varepsilon} = AA^{\mathrm{T}} \tag{3-18}$$

其中，矩阵 A 为下三角实矩阵。

② 假设第 i 个宏观变量受到冲击，即：$X_{i,t} = X_{i,t}^{quake}$，由此可以获得残差项

$\varepsilon_{i,t}^{quake}$ 的条件取值：

$$\varepsilon_{i,t}^{quake}=X_{i,t}^{quake}-(\varphi_{i,0}+\varphi_{i,1}X_{i,t-1}+\varphi_{i,2}X_{i,t-2}+\cdots+\varphi_{i,p}X_{i,t-p}) \tag{3-19}$$

③ 生成一列 k×1 维标准正态分布的随机向量 $r_j=(r_{1,t}, r_{2,t}, \cdots, r_{k,t})'$，$r\sim N(0, I)$。

其中，I 为 $m\times m$ 维单位阵。

④ 将第①步得到的矩阵 A 与随机向量 r 相乘，生成一系列宏观变量自回归模型的误差项，其中 $r_{i,t}$ 由 $\dfrac{\varepsilon_{i,t}^{quake}}{\sigma(\varepsilon_{i,t})}$ 替代，即可生成可能的冲击情景：

$$\varepsilon_t=A\begin{pmatrix} r_{1,t} \\ r_{2,t} \\ \vdots \\ r_{i-1,t} \\ \dfrac{\varepsilon_{i,t}^{quake}}{\sigma(\varepsilon_{i,t})} \\ r_{i+1,t} \\ \vdots \\ r_{k,t} \end{pmatrix} \tag{3-20}$$

⑤ 将 ε_t 带入宏观变量自回归模型，即式(3-5)，即可得到压力因子冲击下，其他宏观变量的估计值。将以上③至⑤步重复执行 1 000 次，取宏观变量估计值的算术平均值作为该压力情景下，其他宏观变量的最终取值。

3）执行压力测试

在不同压力情境下，将压力因子及其他宏观变量的取值代入 CPV 模型中的式(3-4)，即可获得该情境下地方融资平台的违约概率，由此能够研究土地市场波动对融资平台违约概率指标(信用风险)的冲击程度。

4）形成应对措施

根据压力测试结果，对融资平台信用风险的管理和改善提出对策。

五、上海地方融资平台信用风险压力测试的实证研究

本文运用构建的土地市场波动对地方融资平台信用风险的压力测试模型，

结合上海的实际情况，完成上海融资平台信用风险压力测试的实证研究。

（一）上海地方融资平台信用风险传导模型运算

1. 违约概率的测算

1）数据收集

本文分别运用CCA方法和PFM方法计算上海地方融资平台的违约概率。根据全国地方融资平台基础数据库的获取方法，本文选取其中属于上海的37家地方融资平台，其中上市公司共8家，非上市公司共29家。针对这37家地方融资平台，本文通过两种途径获得了CCA方法和PFM方法所需的所有基础数据，时间从2012年第三季度至2015年第四季度：一是通过中国货币网采集了地方融资平台公开发行债券时披露的所有信息；二是通过Wind数据库获得地方融资平台的相关财务数据、债券数据、股票数据、无风险利率等（表3－4）。

表3－4 数据来源说明

指 标	含 义	数据来源	频 率
STD	企业短期负债	Wind	季度
LTD	企业长期负债	Wind	季度
CSP	流通股收盘价格	Wind	日
CSC	流通股股本数	Wind	日
r	无风险利率 （本文取中国10年期国债收益率代替）	Wind	月
EBITDA	税息折旧及摊销前利润	Wind	季度
BOOKASSET	账面总资产	Wind	季度
SALES	主营业务收入	Wind	季度
T	债券到期日	中国货币网	/

2）基础指标处理和计算

针对每家地方融资平台，根据以下步骤按季度进行基础指标的处理和计算。

（1）计算权益（股权）市场价值（V_E）。由于流通股收盘价格（CSP）和流通股股本（CSC）均为日数据，因此首先按季度计算其算术平均值作为季度平均流通股收盘价格和季度平均流通股股本。其次按式（3－21）计算季度权益（股权）市场价值（V_E）。

$$\text{季度平均权益（股权）市场价值} = \text{季度平均流通股收盘价格} \times \text{季度平均流通股股本数} \tag{3-21}$$

(2) 计算权益(股权)市场价值波动率(σ_E)。根据日流通股收盘价格(CSP),按公式(3-22)(3-23)和式(3-24)计算季度权益(股权)市场价值波动率(σ_E)。

$$k_t = \ln\left(\frac{CSP_t}{CSP_{t-1}}\right) \tag{3-22}$$

$$\sigma_d = \sqrt{\frac{\sum_{i=1}^{n}(k_i - \bar{k})^2}{n-1}} \tag{3-23}$$

$$\sigma_E = \sqrt{\text{季度内交易日天数}} * \sigma_d \tag{3-24}$$

其中,k_t 表示第 t 个交易日的流通股对数收益率;σ_d 表示股价日波动率。

(3) 计算负债的账面价值(D)。利用季度企业短期负债(STD)以及季度企业长期负债(LTD)数据,计算得到负债的账面价值(D)。其中,部分企业的短期负债和长期负债数据存在缺省,则取前后相邻时间点的两个数值中相对大的补充。

(4) 计算债券剩余期限($T-t$)。对于每一个地方融资平台,计算每只债券从当前季度(t)到债券到期日(T)的债券剩余期限($T-t$),再将每只债券的债券剩余期限按照每只债券总额占当前季度未到期债券总额的比例进行加权平均,得到每个地方融资平台的债券剩余期限($T-t$)。

(5) 计算无风险利率(r)。由于无风险利率(r)为月度数据,因此首先按季度计算其算术平均值作为季度平均无风险利率。

3) 资产市场价值(V_A)和资产市场价值的波动率(σ_A)的确定

(1) 运用CCA方法计算上市融资平台的 V_A 和 σ_A。利用基础数据,联立 V_A 和 σ_A 的公式(3-9)～式(3-12)形成方程组,运用Newton-Raphson迭代法,即可通过MATLAB软件编程求出上市融资平台的 V_A 和 σ_A。

(2) 运用PFM方法计算非上市融资平台的 V_A 和 σ_A。根据公式(3-15)～式(3-17)计算上市融资平台的相对获利能力(PR),对数销售额(S),以及相对资产市值(VR)。

由于地方融资平台多为非上市公司,上市公司样本较少,因此根据上市公司的 VR 和 σ_A,按行业取平均值。其中若非上市公司的行业类别在上市公司中未出现,则取全部行业的平均值作为 VR 和 σ_A。由此,将非上市公司行业类别对

应的 VR 乘上 $BOOKASSET$ 可求得其 V_A，并将非上市公司行业类别对应的 σ_A 直接作为该非上市公司的 σ_A。

4) 违约距离(DD)和违约概率(P)的计算

利用式(3－13)和式(3－14)计算得到 37 家上海融资平台的违约距离和违约概率，并将计算所得的违约概率做算术平均值来作为上海地方融资平台的平均违约概率，结果如表 3－5 和图 3－5 所示。

表 3－5　上海地方融资平台违约概率计算结果

季　度	2012Q3	2012Q4	2013Q1	2013Q2	2013Q3	2013Q4	2014Q1
平均违约概率	0.50%	0.11%	1.04%	0.01%	1.51%	0.12%	0.18%
季　度	2014Q2	2014Q3	2014Q4	2015Q1	2015Q2	2015Q3	2015Q4
平均违约概率	3.58%	0.04%	0.18%	0.06%	0.75%	5.27%	0.02%

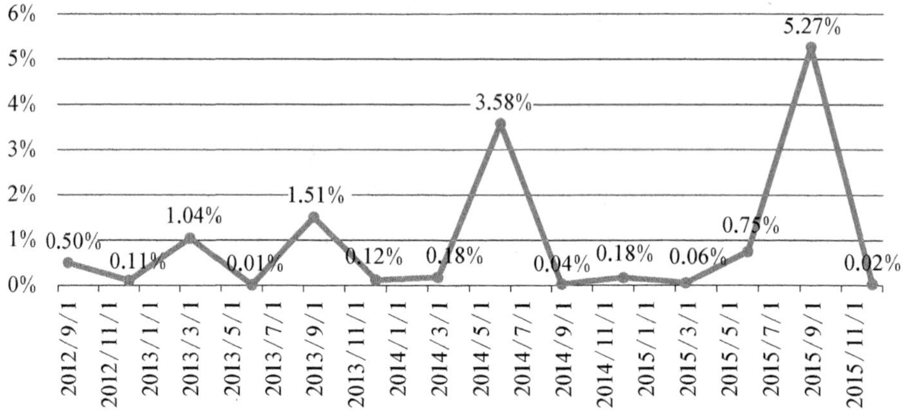

图 3－5　上海地方融资平台平均违约概率变化趋势

由此可以看出，近年上海地方融资平台信用风险整体可控，违约概率呈现波动的特征但基本维持在较低的水平。

值得指出的是，由于本文的融资平台样本均来源于发行过债券或股票的地方融资平台，而该类融资平台的账务状况一般普遍优于其他未发行过债券或股票的平台，因此以该样本为对象得到的违约概率可能会较实际水平偏低一点。

将以上各季度的平均违约概率按式(3－2)做 Logit 转换，得到被解释变量 PD 各季度的值。

2. 解释变量的数据收集及处理

本文选取8个宏观变量作为CPV模型的解释变量，并通过Wind数据库和上海市地质调查研究院获得上海这8个宏观指标的数据，具体如表3-6所示。

表3-6 解释变量选取及数据来源

指标名称	指标代号	单位	数据来源
国内生产总值	GDP	亿元	Wind
居民消费价格指数	CPI	2003Q1=100	Wind
银行3至5年中长期贷款利率	LR	%	中国人民银行
广义货币供应	M2	亿元	Wind
全社会固定资产投资总额	TIFA	亿元	Wind
成交土地楼面均价(住宅用地)	LDPR	元/m^2	上海市地质调查研究院
成交土地楼面均价(商服用地)	LDPB	元/m^2	Wind
成交土地占地面积(住宅用地)	LDAR	万m^2	Wind
成交土地占地面积(商服用地)	LDAB	万m^2	Wind

其中，成交土地楼面均价和成交土地占地面积指标为月度数据，按季度计算算术平均值作为季度平均成交土地楼面均价和季度平均成交土地占地面积。

此外，一个季度或月度的时间序列往往会受到年内季节变动的影响，有时这种影响大到可能掩盖时间序列短期的基本变化趋势，因此需要对各解释变量进行季节调整。经观察，国内生产总值(GDP)、居民消费价格指数(CPI)、全社会固定资产投资总额(TIFA)三个变量具有明显的季节变化特征，因此本文通过Eviews8.0工具对这三个变量进行季节调整，分别得到GDP_SA、CPI_SA、TIFA_SA三个季调指标。

3. 模型运算与检验

1) 平稳性检验

由于被解释变量和解释变量均为时间序列数据，因此需要对其进行平稳性检验，即单位根检验(ADF)，以测试变量数据是否平稳。

以国内生产总值(GDP_SA)为例，利用Eviews8.0工具，对其进行ADF检验，假设显著性水平为 10%，得到 $P=0.038\,6<0.1$，即拒绝原假设，此组时间序列数据平稳，可进行下一步的运算。具体结果如图 3-6 所示。

Augmented Dickey-Fuller Unit Root Test on GDP_SA

		t-Statistic	Prob.*
Augmented Dickey-Fuller test statistic		-3.998771	0.0386
Test critical values:	1% level	-4.886426	
	5% level	-3.828975	
	10% level	-3.362984	

*MacKinnon (1996) one-sided p-values.

图 3-6 GDP_SA 指标的 ADF 检验结果①

所有变量的 ADF 检验结果如表 3-7 所示，根据结果显示所有指标在 10% 的显著性水平下均为平稳数据。

表 3-7 所有指标的 ADF 检验结果

变 量	ADF 检验			检验结果（显著性水平为 10%）
	t - Statistic		P 值	
	t 统计量值	Test critical values:（10% level）		
PD	−5.846 2	−2.701 1	0.000 5	平稳
GDP_SA	−3.998 8	−3.363 0	0.038 6	平稳
CPI_SA	−4.229 6	−3.388 3	0.030 0	平稳
TIFA_SA	−3.536 4	−3.363 0	0.077 6	平稳
LR	−2.307 3	−1.603 7	0.025 4	平稳
M2	−4.182 5	−3.388 3	0.032 1	平稳
LDPR	−3.484 2	−3.460 8	0.097 1	平稳
LDPB	−2.761 2	−2.713 8	0.092 7	平稳
LDAR	−3.382 3	−2.701 1	0.032 0	平稳
LDAB	−4.226 9	−3.363 0	0.027 3	平稳

2）回归分析

运用最小二乘法，将经过 Logit 转换后的 PD 与各解释变量进行回归分析，回归模型如下：

① 运用 Eviews8.0 工具对 GDP_SA 指标进行 ADF 检验的输出结果截图。

$$PD = C(1) + C(2) * GDP\_SA + C(3) * CPI\_SA + C(4) * TIFA\_SA + C(5) * LR + C(6) * M2 + C(7) * LDPR + C(8) * LDPB + C(9) * LDAR + C(10) * LDAB \tag{3-25}$$

结果如图 3-7 所示。

Variable	Coefficient	Std. Error	t-Statistic	Prob.
C	-119.2453	71.07846	-1.677657	0.1687
GDP_SA	-0.001025	0.000573	-1.789338	0.1481
CPI_SA	1.140964	0.686400	1.662242	0.1718
TIFA_SA	0.007652	0.003800	2.013818	0.1143
LR	1.267738	0.700157	1.810649	0.1444
M2	2.38E-07	1.22E-05	0.019481	0.9854
LDPR	-0.007986	0.001654	-4.828758	0.0085
LDPB	-0.000234	9.58E-05	-2.447130	0.0707
LDAR	-0.014872	0.004913	-3.026819	0.0389
LDAB	-0.055942	0.011864	-4.715385	0.0092
R-squared	0.962781	F-statistic		11.49684
Adjusted R-squared	0.879038	Prob(F-statistic)		0.015705

图 3-7 PD 与所有解释变量的回归结果

从回归结果看,M2 变量的 P=0.985 4,远大于可接受水平。从理论上来说,M2 的增加表明正处于宽松的货币政策下,经济形势趋好,市场资金供给比较充足,较好的宏观经济发展状况提高了融资平台的资金需求,企业生产规模扩大,营利能力良好,因此地方融资平台违约概率下降(郭家,2013)。但根据本文回归结果,PD 与 M2 的相关性并不显著,分析其原因可能是由于 M2 增加并不一定会导致信贷量的增加(于瑶,2010),因此对于地方融资平台再融资还款来源没有明显的影响。

因此考虑剔除 M2 变量,再次进行最小二乘回归,结果如图 3-8 所示。

$$PD = C(1) + C(2) * GDP\_SA + C(3) * CPI\_SA + C(4) * TIFA\_SA + C(5) * LR + C(6) * LDPR + C(7) * LDPB + C(8) * LDAR + C(9) * LDAB \tag{3-26}$$

Variable	Coefficient	Std. Error	t-Statistic	Prob.
C	-120.4930	27.56512	-4.371214	0.0072
GDP_SA	-0.001020	0.000459	-2.220154	0.0771
CPI_SA	1.153277	0.239409	4.817190	0.0048
TIFA_SA	0.007621	0.003088	2.467859	0.0567
LR	1.266212	0.622337	2.034610	0.0975
LDPR	-0.008000	0.001325	-6.039814	0.0018
LDPB	-0.000235	8.53E-05	-2.748769	0.0404
LDAR	-0.014914	0.003962	-3.763757	0.0131
LDAB	-0.056040	0.009612	-5.830168	0.0021
R-squared	0.962777	F-statistic		16.16584
Adjusted R-squared	0.903221	Prob(F-statistic)		0.003560

图 3-8 PD 与除 M2 外的解释变量的回归结果

根据结果显示，在10%的显著性水平下，各解释变量的 P 值均小于0.1；拟合优度R2为0.962 777，调整后的R2为0.903 221，拟合效果好。

由此，可以得到PD和除M2外的解释变量的回归结果为：

$$PD = -120.493\,022\,496 - 0.001\,019\,744\,264\,49 * GDP\_SA + 1.153\,276\,913\,74 * CPI\_SA + 0.007\,621\,454\,157\,8 * TIFA\_SA + 1.266\,212\,018\,08 * LR - 0.008\,000\,183\,394\,18 * LDPR - 0.000\,234\,568\,767\,539 * LDPB - 0.014\,913\,652\,852\,9 * LDAR - 0.056\,040\,040\,636\,7 * LDAB \quad (3-27)$$

总体来说，居民消费价格指数(CPI_SA)、银行3至5年中长期贷款利率(LR)、全社会固定资产投资总额(TIFA_SA)与地方融资平台违约概率(PD)呈现正相关，即该些宏观变量的增大会带来地方融资平台违约概率的提高；国内生产总值(GDP_SA)、成交土地楼面均价(住宅用地)(LDPR)、成交土地楼面均价(商服用地)(LDPB)、成交土地占地面积(住宅用地)(LDAR)、成交土地占地面积(商服用地)(LDAB)与地方融资平台违约概率(PD)呈现负相关，即该些宏观变量的减小会带来地方融资平台违约概率的提高。

居民消费价格指数(CPI_SA)的系数为+1.153 28，表明CPI的上升会提高地方融资平台的违约概率。CPI的上升会加大平台公司的运营成本，削弱消费者的购买能力，进而对平台营利能力产生影响，可能导致融资平台的违约发生。同时，CPI也是通胀程度的体现，当出现较大程度的通货膨胀，在泡沫经济和虚假繁荣下，银行可能放宽信贷条件、放松审批力度，发放大量潜在的不良贷款，导致系统安全性和稳健性降低，一旦经济出现动荡，就将严重导致融资平台的偿债能力下降，爆发违约风险。

银行3至5年中长期贷款利率(LR)的系数为+1.266 21，表明LR的上升会导致地方融资平台违约概率的上升。贷款利率上升一方面说明国家正采取紧缩的货币政策，旨在抑制经济的过快发展，势必也会影响到融资平台的经济收益，导致违约概率的上升；另一方面，贷款利率上升也会提高融资平台的资金成本，对其履约情况产生负面影响。

全社会固定资产投资总额(TIFA_SA)的系数为+0.007 62，表明TIFA的上升会导致地方融资平台违约概率的上升。固定资产投资的增加往往对宏观经济有一定的拉动作用，因此有不少学者认为扩大固定资产投资能够降低融资平台的违约概率(常婷婷等，2011)。但根据回归模型结果，固定资产投资的系数为负，本文认为可能是因为随着固定资产投资规模的增加，平台融资规模也不断加大，如果不能够正确和有效地处理的话，就会影响融资平台的还款能力（孙东升等，2016），从而带来潜在的违约风险。

国内生产总值(GDP_SA)的系数为－0.001 02，表明GDP的上升会使地方融资平台违约概率下降。GDP反映了整个宏观经济状况（方芳，2012），若GDP上升，意味着宏观经济景气，社会生产水平高，因此由于融资平台所处的宏观经济环境良好，必然会提升它的经营效益，增强还贷能力（郭家，2013），平台违约概率下降。

成交土地楼面均价（住宅用地）(LDPR)、成交土地楼面均价（商服用地）(LDPB)、成交土地占地面积（住宅用地）(LDAR)、成交土地占地面积（商服用地）LDAB的系数分别为－0.008 00、－0.000 23、－0.014 91和－0.056 04，表明该类土地市场波动指标的下降，不论是土地成交均价或土地成交面积下降确实均会提高地方融资平台的违约概率，与前文所分析的结果相一致。

3) 解释变量的自回归模型

CPV模型除被解释变量与解释变量的关系式外，还包括宏观解释变量的自回归模型，CPV假定宏观变量服从二阶自相关。但考虑到解释变量的实际情况，因而本文对解释变量的一阶、二阶分别进行AIC和SC检验，以确定各变量最优的滞后阶数。

以居民消费价格指数(CPI_SA)为例，AIC和SC为滞后阶数的统计变量，由图3－9可知，当CPI_SA的滞后阶数为一阶时，AIC＝－1.776 432，SC为－1.695 614，相较于二阶滞后的AIC和SC都更小，因而可以确定CPI为一阶滞后。

Lag	LogL	LR	FPE	AIC	SC	HQ
0	-29.58652	NA	9.585614	5.097753	5.138162	5.082792
1	12.65859	70.40851*	0.009940*	-1.776432*	-1.695614*	-1.806353*
2	12.79202	0.200139	0.011573	-1.632003	-1.510776	-1.676885

* indicates lag order selected by the criterion
LR: sequential modified LR test statistic (each test at 5% level)
FPE: Final prediction error
AIC: Akaike information criterion
SC: Schwarz information criterion
HQ: Hannan-Quinn information criterion

图3－9　CPI变量的AIC和SC检验结果

同理，对其余解释变量分别进行AIC和SC检验，确定滞后阶数：GDP_SA、CPI_SA、LR、LDPR、LDAR、LDAB为一阶滞后；TIFA_SA、LdPB为二阶滞后，如表3－8所示。

表 3-8　所有解释变量的滞后阶数确定

变　量	指标检验	一阶滞后	二阶滞后
GDP_SA	AIC	11.020 10*	11.171 43
	SC	11.100 91*	11.292 66
CPI_SA	AIC	−1.776 432*	−1.632 003
	SC	−1.695 614*	−1.510 776
LR	AIC	−0.824 349*	−0.660 675
	SC	−0.743 532*	−0.539 448
TIFA_SA	AIC	12.057 05	11.918 65*
	SC	12.137 87	12.039 88*
LDPR	AIC	14.147 62*	14.168 06
	SC	14.228 44*	14.289 29
LDPB	AIC	19.466 66	19.409 37*
	SC	19.547 48	19.530 6*
LDAR	AIC	11.337 93*	11.502 08
	SC	11.418 75*	11.623 31
LDAB	AIC	10.020 4*	10.167 66
	SC	10.101 21*	10.288 88

注：标记*号的为确定的滞后阶数

根据滞后阶数确定结果，对各解释变量进行自回归，结果如下。其中自回归的系数均通过 t 检验为显著，在此不再逐一列出。

$$GDP\_SA = 0.964\,769\,226\,284 * GDP\_SA(-1) + 303.304\,214\,992$$

$$CPI\_SA = 0.987\,711\,131\,887 * CPI\_SA(-1) + 2.455\,384\,174\,07$$

$$TIFA\_SA = 0.218\,163\,560\,1 * TIFA\_SA(-1) + 0.478\,616\,636\,668 * TIFA\_SA(-2) + 485.905\,549\,236$$

$$LR = 1.256\,025\,957\,97 * LR(-1) - 1.737\,917\,181\,71$$

$$LDPR = 0.926\,127\,371\,284 * LDPR(-1) + 534.076\,075\,716$$

$$LDPB = 0.538\,641\,404\,079 * LDPB(-1) - 0.486\,500\,774\,332 * LDPB(-2) + 9\,703.586\,510\,08$$

$$LDAR = -0.211\ 104\ 105\ 84 * LDAR(-1) + 172.208\ 196\ 047$$
$$LDAB = 0.199\ 211\ 371\ 722 * LDAB(-1) + 43.392\ 381\ 939\ 9 \quad (3-28)$$

（二）土地市场波动对上海地方融资平台信用风险的压力测试

1. 压力情景设置

本文运用系统性假设情景分析法进行压力测试，选择反映土地市场波动的变量作为压力因子，分别是土地成交楼面价格和土地成交占地面积。其中，土地成交楼面价格能够直接反应土地资产价值水平；土地成交占地面积，虽然在实际中会受到土地资源稀缺性和土地调控政策的影响，但本文考虑到该变量作为压力因子能从一定程度上反映土地成交量和土地市场活跃度，因此也将其作为反映土地市场波动的压力因子之一。由此分别设置四种压力测试方案。

压力测试一：成交土地楼面均价下降（单压力因子）。

以住宅用地为例，研究成交土地楼面均价下降的三种压力情境下，上海地方融资平台信用风险（违约概率）受到的冲击程度。三级压力情景分别对应成交土地楼面均价（住宅用地）下降20%、30%、40%。

压力测试二：成交土地占地面积下降（单压力因子）。

以住宅用地为例，研究成交土地占地面积下降的三种压力情境下，上海地方融资平台信用风险（违约概率）受到的冲击程度。三级压力情景分别对应成交土地占地面积（住宅用地）下降20%、30%、40%。

压力测试三和压力测试四：成交土地楼面均价和成交土地占地面积同时下降（多压力因子）。

对于住宅用地、商服用地，分别研究成交土地楼面均价和成交土地占地面积同时下降的压力情境下，上海地方融资平台信用风险（违约概率）受到的冲击程度。由于压力因子为多因素，因此仅设置两级压力情景，分别对应成交土地楼面均价（住宅用地/商服用地）和成交土地占地面积（住宅用地/商服用地）同时下降20%、30%。

因为宏观经济的恶化是一个循序渐进的过程，所以本文将压力测试期分为T+1、T+2、T+3和T+4四期。假定在四种压力测试方案下均是在第四期即期分别下降到设定的压力情景。通过MATLAB软件运用线性插值法将其他三期值补充完整，如表3-9所示。

表 3－9　土地市场波动的压力情景设置

方案一	成交土地楼面均价(住宅用地)下降		
	LDPR 在 T+4 下降 20%	LDPR 在 T+4 下降 30%	LDPR 在 T+4 下降 40%
T+1	6 156.75	5 994.73	5 832.71
T+2	5 832.71	5 508.67	5 184.63
T+3	5 508.67	5 022.61	4 536.55
T+4	5 184.63	4 536.55	3 888.47
方案二	成交土地占地面积(住宅用地)下降		
	LDAR 在 T+4 下降 20%	LDAR 在 T+4 下降 30%	LDAR 在 T+4 下降 40%
T+1	243.30	236.90	230.50
T+2	230.50	217.69	204.89
T+3	217.69	198.49	179.28
T+4	204.89	179.28	153.67

方案三	成交土地楼面均价(住宅用地)和成交土地占地面积(住宅用地)同时下降			
	LDPR 和 LDAR 在 T+4 同时下降 20%		LDPR 和 LDAR 在 T+4 同时下降 30%	
	LDPR	LDAR	LDPR	LDAR
T+1	6 156.75	243.30	5 994.73	236.90
T+2	5 832.71	230.50	5 508.67	217.69
T+3	5 508.67	217.69	5 022.61	198.49
T+4	5 184.63	204.89	4 536.55	179.28
方案四	成交土地楼面均价(商服用地)和成交土地占地面积(商服用地)同时下降			
	LDPB 和 LDAB 在 T+4 同时下降 20%		LDPB 和 LDAB 在 T+4 同时下降 30%	
	LDPB	LDAB	LDPB	LDAB
T+1	13 461.79	28.75	13 107.54	27.99
T+2	12 753.28	27.23	12 044.76	25.72
T+3	12 044.76	25.72	10 981.99	23.45
T+4	11 336.25	24.21	9 919.22	21.18

2. 测试结果

1) 土地市场单压力因子下降对融资平台信用风险的冲击影响

将住宅用地的成交土地楼面均价和成交土地占地面积分别作为单压力因子

研究其对上海地方融资平台违约概率的冲击影响，即压力测试方案一和方案二。具体来说，分别以LDPR和LDAR为压力因子，运用蒙特卡洛模拟法，在三级压力情境下确定其余七个宏观变量的变化值，然后根据式(3-27)计算PD，并根据式(3-1)转换成违约概率，结果如表3-10和表3-11所示，将违约概率变化用图表示，如图3-10和图3-11所示。

表3-10　压力测试一——LDPR冲击下上海地方融资平台违约概率测试结果

方案一	成交土地楼面均价(住宅用地)下降		
	LDPR在T+4下降20%	LDPR在T+4下降30%	LDPR在T+4下降40%
T+1	0.03%	1.55%	3.87%
T+2	0.28%	15.92%	42.15%
T+3	3.92%	42.18%	93.44%
T+4	21.66%	87.21%	99.21%

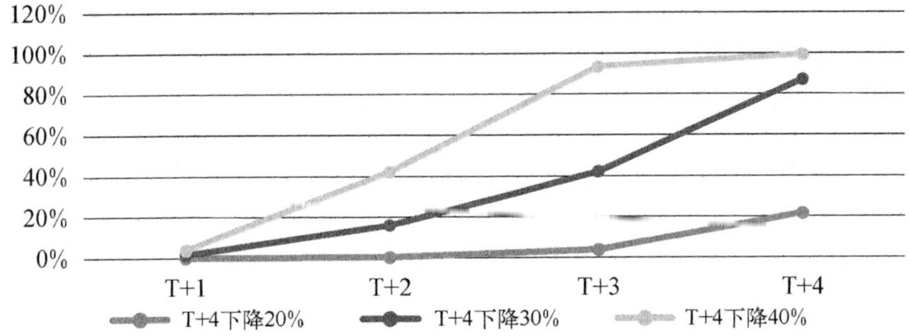

图3-10　压力测试一——LDPR冲击下上海地方融资平台违约概率变化

表3-11　压力测试二——LDAR冲击下上海地方融资平台违约概率测试结果

方案二	成交土地占地面积(住宅用地)下降		
	LDAR在T+4下降20%	LDAR在T+4下降30%	LDAR在T+4下降40%
T+1	0.02%	0.52%	1.38%
T+2	0.23%	6.13%	18.11%
T+3	2.85%	31.66%	71.22%
T+4	10.61%	58.56%	90.02%

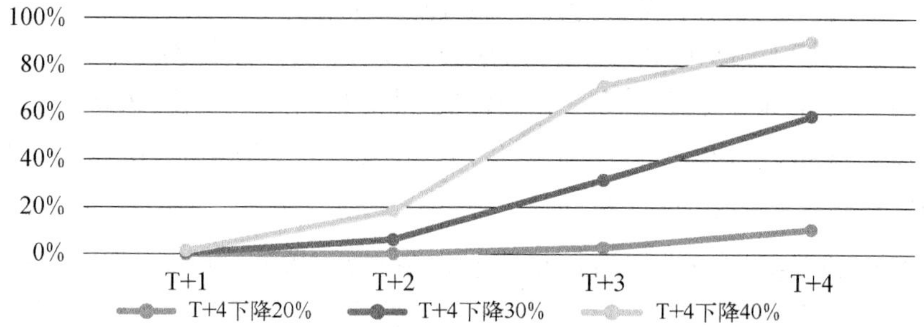

图 3-11 压力测试二——LDAR 冲击下上海地方融资平台违约概率变化

在住宅用地成交土地楼面均价下降的冲击下，若在 T+4 期下降 40%，T+1、T+2、T+3 和 T+4 期上海地方融资平台违约概率分别为 3.87%、42.15%、93.44%和 99.21%；而在住宅用地成交土地占地面积下降的冲击下，若在 T+4 期下降 40%，则在 T+1、T+2、T+3 和 T+4 期上海地方融资平台违约概率分别为 1.38%、18.11%、71.22%和 90.02%。由此可得，在两种土地市场压力因子下降的冲击下，违约概率均逐渐递增且非等幅度变化，直至到达较高的违约风险概率。若分析两种单压力因子在 T+4 期下降 20%、30%的两种压力情景也存在相同的规律。

此外，在 T+3 期住宅用地成交土地楼面均价下降 20%、30%、40%，得到的违约概率分别为 3.92%、42.18%、93.44%；在 T+3 期住宅用地成交土地占地面积下降 20%、30%、40%，得到的违约概率分别为 2.85%、31.66%、71.22%。由此可得，在两种土地市场压力因子下降的冲击下，虽然在同一时期压力因子下降比例等幅度增加，但所引起的地方融资平台违约概率变化却并非等幅度，实际下降比例越大的冲击，对融资平台的违约概率影响程度也越显著。同样分析两种单压力因子其他 T+1、T+2 期的测试结果也存在相同的规律（T+4 期 LDPR/LDAR 下降 40%时违约概率已达到相对最高水平，因此增幅空间有限）。

总体来说，在成交土地楼面均价与成交土地占地面积下降的冲击下，上海地方融资平台的违约概率均会明显上升，且在 T+4 期，成交土地楼面均价下降 40%时地方融资平台违约概率为 99.21%，而成交土地占地面积下降 40%时地方融资平台违约概率为 90.02%，说明成交土地楼面均价下降的冲击相比于成交土地占地面积下降的冲击，对融资平台信用风险的影响更为显著。

2）土地市场多压力因子下降对融资平台信用风险的冲击影响

将住宅土地市场波动和商服土地市场波动分别作为压力因子研究其对上海

地方融资平台违约概率的冲击影响，土地市场波动同时考虑成交土地楼面均价下降和成交土地占地面积下降的冲击，即压力测试方案三和方案四。具体来说，分别以LDPR和LDAR、LDPB和LDAB为压力因子，运用蒙特卡洛模拟法，在两级压力情境下确定其余七个宏观变量的变化值，然后根据式(3-27)计算PD，并根据式(3-1)转换成违约概率，结果如表3-12和表3-13所示，将违约概率变化用图表示，如图3-12和图3-13所示。

表3-12　压力测试三——LDPR和LDAR冲击下上海地方融资平台违约概率测试结果

方案三	成交土地楼面均价(住宅用地)和成交土地占地面积(住宅用地)同时下降	
	LDPR和LDAR在T+4同时下降20%	LDPR和LDAR在T+4同时下降30%
T+1	0.29%	0.60%
T+2	5.81%	24.39%
T+3	33.39%	88.72%
T+4	73.03%	99.20%

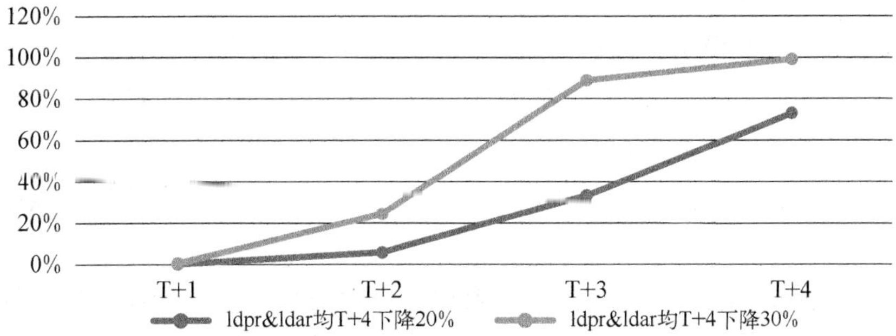

图3-12　压力测试三——LDPR和LDAR冲击下上海地方融资平台违约概率变化

表3-13　压力测试四——LDPB和LDAB冲击下上海地方融资平台违约概率测试结果

方案四	成交土地楼面均价(商服用地)和成交土地占地面积(商服用地)同时下降	
	LDPB和LDAB在T+4同时下降20%	LDPB和LDAB在T+4同时下降30%
T+1	1.10%	2.59%
T+2	5.29%	13.26%
T+3	18.64%	41.82%
T+4	40.48%	75.92%

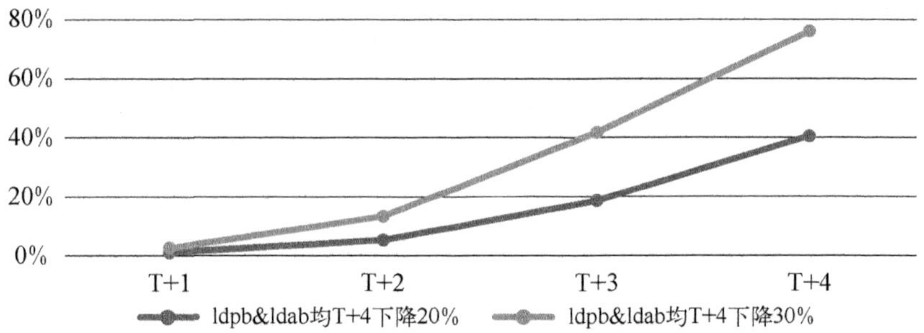

图 3-13 压力测试四——LDPB 和 LDAB 冲击下上海地方融资平台违约概率变化

在住宅土地市场波动下，当成交土地楼面均价和成交土地占地面积在 T+4 期同时下降 30%，地方融资平台违约概率为 99.20%，远大于单因素冲击下的违约概率 87.21%、58.56%。

在商服土地市场波动下，当成交土地楼面均价和成交土地占地面积在 T+4 期同时下降 30%，地方融资平台违约概率为 75.92%，小于住宅土地市场波动对地方融资平台违约概率。

3. 测试结论分析

运用系统性假设情景分析法，研究土地市场波动对上海地方融资平台信用风险的压力冲击影响，实证结果验证了土地市场波动确实对融资平台违约概率存在影响。主要结论如下：

(1) 总体来说，面对土地市场下行变化的冲击时，融资平台的违约概率会明显增大。

(2) 土地市场波动对地方融资平台信用风险的影响程度会随土地市场的持续下行而不断加速放大，直至最终爆发，且土地市场波动越大，对地方融资平台信用风险的影响程度越明显。

(3) 成交土地楼面均价下降的冲击相比于成交土地占地面积下降的冲击，对地方融资平台信用风险的影响更为显著。而当两者同时下降时对于融资平台信用风险的影响远大于单压力因子下降对其信用风险的影响。

(4) 住宅土地市场波动对于地方融资平台信用风险的影响大于商服土地市场波动对平台信用风险的影响。主要因为地方融资平台所拥有的土地资产中住宅类土地资产占比最大，为 46%，其次才为商业类土地资产，占比 20%，因此若住宅土地市场开始降温，对于融资平台土地资产价值和土地收益的影响更大。

六、结论与展望

（一）主要结论

伴随地方融资平台数量的激增、债务的积累，引发了人们对平台债务问题的忧虑及偿还能力的质疑。随着我国宏观经济增速下行压力的逐渐增大，宏观影响因素，尤其是土地市场波动对于融资平台信用风险的影响不容小觑，一旦部分融资平台发生信用违约，便可能引发一连串的连锁反应，乃至出现区域性的债务危机。因此，本文结合信用风险、压力测试理论等，研究分析地方融资平台信用风险的宏观影响因素，重点阐述土地市场波动对融资平台信用风险的传导机理，并基于此运用 CPV 模型和压力测试模型构建了土地市场波动对地方融资平台信用风险的压力测试模型，最后结合上海地方融资平台进行了实证研究。具体结论如下：

（1）影响地方融资平台信用风险的宏观因素主要包括三个方面，国民经济因素、财政货币因素和土地市场因素。其中国民经济因素指宏观经济运行状况，其走势和增长速度都将影响地方融资平台的宏观发展环境，进而影响地方融资平台的偿债能力和信用风险，衡量指标一般包括国内生产总值、居民消费价格指数、全社会固定资产投资总额等；财政货币因素指宏观调控政策，在贷款期限内，如果国家的财政或货币政策等发生调整，可能影响到地方融资平台的经营发展，衡量指标一般包括贷款利率、货币供应量等；土地市场因素，已成为融资平台的主要风险源之一，由于融资平台的信贷偿还较多依赖土地资产相关收益，并且大多贷款以土地房屋作为抵押品，因此土地价值和土地交易量的变化对地方融资平台整体还债能力有着很大的影响，衡量指标一般包括土地成交价格、土地成交面积等，也可按照土地类型进一步细分。

（2）研究土地市场波动对融资平台信用风险的传导机理。一是对融资平台信用风险的直接影响，包括：① 对融资平台存量债务偿债能力的影响。土地市场波动会引发土地资产相关收益和抵/质押物价值的变动，分别通过“土地市场萧条—土地资产相关收益减少—存量债务偿债能力下降—信用风险显现”和“土地市场萧条—土地抵/质物价值减少—存量债务偿债能力下降—信用风险显现”的路径进行风险传导；② 对融资平台增量债务融资能力的影响。通过“土地市场萧条—抵押品价值下降及平台信用等级降低—增量债务融资能力下降—信用风险显现”的路径进行风险传导。二是与其他宏观因素互动下的影响。由于土地市场和其他宏观因素之间存在着双向的互动关系，因此基于这种互动影响，土地市场波动将在直接和相关产业间传染，引起其他宏观因素变动，进而对融资平台信用风险产生更为综合和复杂的影响，即通过"土地市场萧条—直接/间接相关产业间传染—其他宏观因素相应变化—信用风险显现"的路径进行风险传导。

(3) 系统性构建了土地市场波动对地方融资平台信用风险的压力测试模型。首先，本文基于 CPV 模型运用计量经济学建立宏观影响因素和地方融资平台信用风险的关系。其中融资平台信用风险(被解释变量)选取违约概率指标来衡量，针对已有研究中违约率的测算仅选择替代指标或者较为粗糙的估算方法的不足，本文对其进行改进，采用 CCA 方法估算上市地方融资平台的违约概率，采用 PFM 方法估算非上市地方融资平台的违约概率。宏观影响因素(解释变量)则分别在国民经济因素、财政货币因素、土地市场因素三方面选取若干指标。其次，本文运用压力测试理论构建土地市场波动对平台信用风险的冲击影响模型。选择系统性假设情景分析法，将土地市场波动作为压力因子，通过蒙特卡洛模拟法模拟得到其他宏观变量的估计值，进而研究土地市场波动对融资平台违约概率(信用风险)的冲击影响。

(4) 通过实证分析，运用压力测试模型，研究上海土地市场波动对融资平台信用风险的冲击影响。首先，通过 CPV 模型分析，可知近年上海地方融资平台信用风险整体较好，违约概率呈现波动的特征但基本维持在较低的水平。并且根据模型回归结果，影响融资平台违约概率的共有八个宏观影响因素，其中居民消费价格指数、银行 3 至 5 年中长期贷款利率、全社会固定资产投资总额与地方融资平台违约概率呈现正相关关系；国内生产总值、成交土地楼面均价(住宅用地)、成交土地楼面均价(商服用地)、成交土地占地面积(住宅用地)、成交土地占地面积(商服用地)与地方融资平台违约概率呈现负相关关系。其次，本文共设置了四种压力测试方案，得到的压力测试结果验证了土地市场波动确实对融资平台违约概率存在影响。① 总体来说，面对土地市场下行变化的冲击时，融资平台的违约概率会明显增大。② 土地市场波动对融资平台信用风险的影响程度会随土地市场的持续下行而不断加速放大，直至最终爆发，且土地市场波动越大，对地方融资平台信用风险的影响程度越明显。③ 成交土地楼面均价下降的冲击相比于成交土地占地面积下降的冲击，对融资平台信用风险的影响更为显著。而当两者同时下降时对于融资平台信用风险的影响远大于单压力因子下降对其信用风险的影响。④ 住宅土地市场波动对于融资平台信用风险的影响大于商服土地市场波动对于平台信用风险的影响。

(5) 最后根据实证结论，本文提出以下管理和改善上海融资平台信用风险的相关建议。① 建立健全融资平台信用风险的监测评估体系。近年上海融资平台的信用风险整体较小，且受宏观因素变化的影响显著。虽然，目前上海宏观经济发展比较稳定，但仍然有必要严防宏观经济出现较大波动可能给融资平台信用风险带来的影响。鉴于此，银行及金融机构等应密切关注政府投资和宏观经济发展的变化趋势，并根据融资平台的实际经营和运作情况，对存量债务进行评估，及时与平台及相关部门制定切实可行的还款计划，对于潜在的不良贷款和偿债能力明显不足的平台公司应当纳入重点风险管理和动态监测范畴。② 严防土地市场降温对平台信用风险的冲击影响。地方融资平台贷款多以土地作为抵押，债务偿还对土地收入的依赖性很强，经本文研究，上海地方融资平台信用风险受土地市场波动的影响很大。2016 年第四季度以来上海土地市场的热度出现了一定程度的降温。如果土地市场持续降温，对于融资平台信用风险的冲击是相当大的，尤其是占地方融资平台土地资产比例最大的住宅用地市场变化。因此银行及金融机构还应从风险缓释的角度，积极与国土、财政等政府部门建立有效的沟通机制，动态监测各类土地市场价格走势，核查土地权证真实性，完善抵押和贷款手续，做到防患于未然。③ 积极推动平台的融资渠道多样化。现有融资平台的融资渠道仍然有限，以银行贷款为主。因此，在新形势、新政策下，还应推动地方政府建立多元化的融资结构，将原有的政府资源及资本等通过市场化的融资和运作模式，建立起“政府引导、社会参与、市场运作”的合作机制，广泛地吸引和运用社会资本，实现平台公司的转型发展。

(二) 不足与展望

本文从研究思路和方法上来看，还存在一定的不足和局限性，有待后续进一步的研究。

(1) 实证部分模型结果的普遍性和完整性可能受地方融资平台样本数量大小以及时间序列长短的影响。本文根据地方融资平台发行的债券及股票信息建立了基础数据库，但实际上仍存在更多未发行过债券或股票的融资平台，而这部分平台公司的数据目前仍未纳入研究的样本范畴。同时，由于数据收集所需的时间消耗较长，因此本次研究样本的时间序列为 2012 年第三季度至 2015 年第四季度，而 2016 年的数据未列入。因此，在样本的完整度方面，仍有待进一步的补充和完善，也可选取多区域、多城市运用模型进行面板数据的研究和比较，来探究不同区域、不同城市之间土地市场波动对融资平台信用风险冲击影响程度的差异。

(2) 随着新政策的不断出台，对于存量融资平台贷款或允许其有条件展期，该政策的出台能延迟可能的信用风险的出现，而本文在构建融资平台的信用风险模型，尤其是对于其违约概率的估算时尚未考虑展期可能带来的违约概率变化，因此未来可以针对新政策的出台进一步优化模型。

参考文献

[1] JEROLD L. Zimmerman. The municipal accounting maze: An analysis of political incentives [J]. Journal of Accounting Research, 1977, (5): 107-144.

[2] TRZCINKA C. The pricing of tax-exempt bonds md the Miller hypothesis [J]. Journal of Finance, 1982: 907-923.

[3] JUN PENG, PETER F BRUCATO. An empirical analysis of market for alleviating information [J]. Asymmetry in The Municipal Bond Market, 2004.

[4] 苗彬.地方政府投融资平台信用风险预警体系研究[J].征信,2011,05: 55-57.

[5] 周佳嵋,李茜.地方政府投融资平台银行债务的风险研究及未来合作模式探索[J].中国财政,2011,09: 70-72.

[6] 贾银萍.关注地方政府融资平台贷款风险[J].银行家,2009,07: 26-28+6.

[7] 凡晓俊.地方政府融资平台的银行信用风险研究[D].合肥: 安徽财经大学,2013.

[8] ANTHONY SAUNDERS. Credit Risk Measurement: New Approaches to Value at Risk and Other Paradigms [M]. John Wiley & Sons, Inc, 1999.

[9] 沈沛龙,任若恩.现代信用风险管理模型和方法的比较研究[J].经济科学,2002,03: 32-41.

[10] 程鹏,吴冲锋,李为冰.信用风险度量和管理方法研究[J].管理工程学报,2002,01: 70-73,1.

[11] 吴慧娟.地方政府投融资平台信用评价及风险管理[D].天津: 天津大学,2010.

[12] 王国梁.地方政府融资平台的风险分析与信用评级[D].天津: 天津大学,2012.

[13] 王丽.商业银行对地方融资平台贷款信用风险管理研究[D].西安: 西北大学,2012.

[14] 梅建明,易卫民,黄世为.基于KMV模型的上市类融资平台公司信用风险研究[J].财政研究,2013,10: 64-67.

[15] 程婵娟,邹海波.CPV模型在银行贷款违约概率计算中的应用研究[J].当代经济科学,2009,05: 15-20,124.

[16] 齐雅坤.基于CPV模型对我国商业银行信用风险的研究[D].长春: 吉林大学,2009.

[17] 尹航,南灵.我国商业银行房地产信贷风险相关因素分析——基于CPV信用风险度量模型[J].金融经济,2010,14: 86-87.

[18] 靳凤菊.基于CPV模型的房地产信贷信用风险的度量和预测[J].金融论坛,2007,09: 40-43.

[19] 吴华润.我国商业银行房地产企业贷款信用风险管理研究[D].广州：暨南大学,2009.
[20] 孙萌.地方政府融资平台信用风险的宏观压力测试[D].北京：对外经济贸易大学,2013.
[21] 贺一枝.有担保类城投债融资平台的宏观压力测试[D].北京：对外经济贸易大学,2014.
[22] 孙东升,陈昊,徐素萍.经济下行压力下地方政府融资平台违约率的估算[J].经济与管理研究,2015,06：97-103.
[23] 孙连友.金融体系压力测试：概念与方法[J].济南金融,2006,02：13-14,18.
[24] 任宇航,孙孝坤,程功,等.信用风险压力测试方法与应用研究[J].统计与决策,2007,14：101-103.
[25] 李江,刘丽平.中国商业银行体系信用风险评估——基于宏观压力测试的研究[J].当代经济科学,2008,06：66-73,124.
[26] 周子元.商业银行信用风险压力测试的方法和实践[J].金融理论与实践,2009,08：68-70.
[27] 邵彩虹.利率风险压力测试方法探讨[J].金融管理与研究,2009,02：24-26.
[28] 刘莲花.基于压力测试的商业银行汇率风险管理分析[J].开封大学学报,2009,02：14-16.
[29] 舒特华.基于压力测试法的商业银行汇率风险衡量分析[J].中国商界(下半月),2009,03：64.
[30] 许友传,陈可桢.资产跳跃情景下的地方融资平台风险压力测试[J].财经研究,2013,02：26-36.
[31] 蒋斌.X银行地方政府融资平台信贷压力测试应用研究[D].成都：西南交通大学,2014.
[32] 汪东华.信用风险度量的理论模型及应用[M].上海：上海财经大学出版社,2007.
[33] 叶蜀君.信用风险的博弈分析与度量模型[M].北京：中国经济出版社,2008.
[34] 崔萌.基于CPV模型和压力测试的我国商业银行信用风险研究[D].长春：吉林大学,2013.
[35] ANTHONY SAUNDERS. Credit Risk Measurement: New Approaches to Value at Risk and Other Paradigms [M]. John Wiley & Sons, Inc, 1999.
[36] Basel Committee on Banking Supervision. Amendment to the Capital Accord to Incorporate Market Risks [Z]. Basel: BIS, 1996.
[37] Bank for International Settlements Committee on the Global Financial System. Stress testing by Large Financial Institutions: Current Practice and Aggregation [R]. Consultative Document, Basle, Switzerland, 2000.
[38] Basel Committee on Banking Supervision. International Convergence of Capital Measurement and Capital Standards: A Revised Framework [EB/OL]. [2004-06-05]. www.bis.org.
[39] PAUL KUPIEC. Stress-testing in a value at risk framework [J]. Journal of Derivatives, 2002, 6(1): 7-24.
[40] KIM FINGER. A Stress Test to Incorporate Correlation Breakdown [J]. Journal of Risk, 2000, 2(3): 5-19.
[41] 芦亮.新型城镇化背景下地方政府融资平台的债务风险问题研究[J].中央财经大学学

报，2013，(09)：14 - 18，63.

[42] 王玉华.新《预算法》背景下地方融资平台的转型[J].江苏商论，2015，(02)：56 - 58.

[43] 付忠财，刘成玉.地方政府融资平台信贷风险形成机理与化解对策[J].理论探讨，2012，01：32 - 34.

[44] 俞瑶.地方融资平台贷款风险的土地视角分析[J].金融纵横，2010，(10)：36.

[45] 李守伟，何建敏.银行系统性风险研究综述[J].南京航空航天大学学报(社会科学版)，2009，(3)：29 - 32.

[46] 冯兴元.土地财政、地方政府融资平台与规则[J].中国市场，2011，(3)：19 - 20.

[47] 薛昶.四川省新型城镇化中融资方式的选择[J].经济研究导刊，2015，(22)：100 - 101.

[48] 孙继伟，王波.政府融资平台贷款的信用风险指标评价及实证研究[J].世界经济文汇，2011，(03)：98 - 109.

[49] 王琳.地方政府融资平台的贷款信用风险研究[D].南昌：华东交通大学，2013.

[50] 徐亚鹏.我国GDP分析及预测[D].济南：山东大学，2006.

[51] 赵全新.居民消费价格指数偏高的原因分析[J].北京物价，1995，(10)：14 - 15.

[52] 雷辉.关于我国固定资产投资结构变化的分析[J].投资研究，2009，(08)：61 - 64.

[53] 吴慧娟.地方政府投融资平台信用评价及风险管理[D].天津：天津大学，2010.

[54] 何问陶，刘朝阳.货币供应量作为我国货币政策中介目标的实证研究[J].西南金融，2007，(02)：24 - 25.

[55] KIYOTAKI N.，MOORE J. Credit Cycles [J]. Journal of Political Economy，1997，105(2)：211 - 248.

[56] 钟辉勇，陆铭.财政转移支付如何影响了地方政府债务？[J].金融研究，2015，(09)：1 - 16.

[57] Regional Trade Agreements [J]. SSRN Working Paper Series，2009.

[58] 郑磊磊.我国商业银行信用风险压力测试方法研究[D].乌鲁木齐：新疆财经大学，2014.

[59] 连韬.商业银行宏观压力测试——基于中国国有银行的实证分析[D].上海：复旦大学，2013.DOI：10.7666/d.Y2701238.

[60] 胡谍.房地产市场对宏观经济的影响机制研究[D].北京：清华大学，2011.

[61] 李颖，胡日东.中国房地产价格与宏观经济波动——基于PVAR模型的研究[J].宏观经济研究，2011，(02)：26 - 30.

[62] 孔冬蕊.房地产价格与宏观经济的互动机制研究[D].成都：四川师范大学，2012.

[63] 齐讴歌.房地产风险传染机制及其动态效应研究[D].西安：西北大学，2012.

[64] 王国军，刘水杏.房地产业对相关产业的带动效应研究[J].经济研究，2004，(08)：38 - 47.

[65] 朱毅峰.银行信用风险管理[M].北京：中国人民大学出版社，2006.

[66] 谢琴花.信用等级转移概率预测模型的构建与应用[D].南京：南京理工大学，2012.

[67] 毛建林，张红伟.基于CCA模型的我国银行系统性金融风险实证研究[J].宏观经济研究，2015，(03)：94 - 102.

[68] IMF. Gobal Stability Report：Responding To The Financial Crisis And Measeuring Systemic Risk [R]. Washington，DC：International Monetary Fund，2009.

[69] ANTUNES A, SILVA N. An application of contingent claim analysis to the Portuguese banking system [J]. Financial Stability Report, 2010, 141(4).
[70] 宫晓琳.宏观金融风险联动综合传染机制[J].金融研究,2012,05：56 - 69.
[71] 巴曙松,居姗,朱元倩.SCCA 方法与系统性风险度量[J].金融监管研究,2013,(03)：1 - 12.
[72] 苏健,姬明,钟恩庚.我国银行业整体风险的度量——基于 CCA 方法的定量测算[J].金融理论与实践,2012,(10)：12 - 17.
[73] 周科.基于 KMV 模型的上市公司违约率研究[D].上海：上海财经大学,2006.
[74] 郭家.基于 Wilson 模型的商业银行信用风险压力测试实证研究[D].成都：西南财经大学,2013.
[75] 于瑶.弱化我国商业银行顺周期经营模式研究[D].大连：东北财经大学,2010.
[76] 常婷婷,乔忠,李拓.基于 SUR 的商业银行信用风险宏观压力测试研究[J].统计与决策,2011,(11)：23 - 26.
[77] 孙东升,丁岚,徐素萍.地方融资平台违约率的度量与估算[J].统计与决策,2016,(10)：146 - 149.
[78] 方芳.我国商业银行信用风险宏观压力测试研究[D].长沙：湖南大学,2012.

附录

3A 上海地方融资平台违约概率计算结果

地方融资平台名称	2012 Q3	2012 Q4	2013 Q1	2013 Q2	2013 Q3	2013 Q4	2014 Q1	2014 Q2	2014 Q3	2014 Q4	2015 Q1	2015 Q2	2015 Q3	2015 Q4
上海陈家镇建设发展有限公司	0.00%	0.00%	34.45%	0.31%	2.50%	0.04%	5.01%	20.96%	0.43%	0.15%	1.60%	2.92%	19.30%	0.00%
上海城建(集团)公司	16.40%	1.82%	3.20%	0.13%	5.70%	1.08%	0.29%	20.02%	0.00%	0.04%	0.01%	1.72%	11.38%	0.04%
上海城投(集团)有限公司	0.00%	0.00%	0.00%	0.00%	0.01%	0.00%	0.00%	0.00%	0.00%	0.00%	0.00%	0.28%	2.45%	0.02%
上海大宁资产经营(集团)有限公司	0.00%	0.00%	0.00%	0.00%	0.00%	0.00%	0.00%	0.00%	0.00%	0.00%	0.00%	0.29%	2.60%	0.02%
上海地产(集团)有限公司	0.00%	0.03%	0.13%	0.01%	4.63%	0.18%	0.01%	0.02%	0.00%	0.78%	0.11%	1.95%	10.71%	0.08%
上海奉贤南桥新城建设发展有限公司	0.00%	0.00%	0.00%	0.00%	0.00%	0.00%	0.00%	0.37%	0.00%	0.00%	0.00%	0.12%	3.28%	0.00%
上海国际港务(集团)股份有限公司	0.00%	0.00%	0.00%	0.00%	0.66%	0.01%	0.00%	0.00%	0.00%	0.00%	0.00%	0.09%	0.70%	0.00%
上海国际机场股份有限公司	0.00%	0.00%	0.00%	0.00%	0.00%	0.00%	0.00%	0.00%	0.00%	0.00%	0.00%	0.15%	0.86%	0.00%
上海国盛(集团)有限公司	0.00%	0.00%	0.00%	0.00%	0.01%	0.00%	0.00%	0.00%	0.00%	0.00%	0.00%	0.25%	1.91%	0.01%
上海环境集团有限公司	0.00%	0.00%	0.00%	0.00%	0.01%	0.00%	0.00%	0.00%	0.00%	0.00%	0.00%	0.28%	2.85%	0.00%
上海嘉定工业区开发(集团)有限公司	0.00%	0.00%	0.01%	0.00%	2.53%	0.05%	0.00%	0.00%	0.00%	0.45%	0.04%	1.47%	8.56%	0.03%

续　表

地方融资平台名称	2012 Q3	2012 Q4	2013 Q1	2013 Q2	2013 Q3	2013 Q4	2014 Q1	2014 Q2	2014 Q3	2014 Q4	2015 Q1	2015 Q2	2015 Q3	2015 Q4
上海嘉定公路建设发展有限公司	0.00%	0.00%	0.00%	0.00%	0.00%	0.00%	0.00%	0.68%	0.00%	0.00%	0.00%	0.01%	0.74%	0.00%
上海金桥(集团)有限公司	0.00%	0.00%	0.01%	0.00%	2.44%	0.08%	0.00%	0.00%	0.00%	0.30%	0.01%	0.85%	7.93%	0.03%
上海金桥出口加工区开发股份有限公司	0.00%	0.00%	0.00%	0.00%	1.74%	0.04%	0.00%	0.00%	0.00%	0.15%	0.00%	0.57%	6.27%	0.01%
上海金山城市建设投资有限公司	0.00%	0.00%	0.00%	0.00%	0.00%	0.00%	0.00%	6.54%	0.00%	0.00%	0.00%	0.17%	3.52%	0.00%
上海久事公司	0.00%	0.00%	0.00%	0.00%	0.66%	0.00%	0.00%	0.00%	0.00%	0.00%	0.00%	0.23%	1.41%	0.00%
上海临港经济发展(集团)有限公司	0.00%	0.15%	0.10%	0.01%	4.91%	0.28%	0.00%	0.01%	0.00%	1.24%	0.07%	1.95%	10.54%	0.10%
上海陆家嘴(集团)有限公司	0.00%	0.00%	0.00%	0.00%	0.84%	0.05%	0.00%	0.00%	0.00%	0.16%	0.03%	0.72%	4.85%	0.10%
上海闵行城市建设投资开发有限公司	0.00%	0.00%	0.00%	0.00%	0.00%	0.00%	0.00%	0.00%	0.00%	0.00%	0.00%	0.00%	0.34%	0.00%
上海南房(集团)有限公司	0.00%	0.01%	0.03%	0.00%	3.50%	0.07%	0.00%	0.00%	0.00%	0.70%	0.05%	1.66%	12.22%	0.05%
上海南汇城乡建设开发投资总公司	0.00%	0.00%	0.00%	0.00%	0.00%	0.00%	0.00%	0.23%	0.00%	0.00%	0.00%	0.02%	1.44%	0.00%
上海浦东路桥建设股份有限公司	0.00%	0.00%	0.00%	0.00%	0.05%	0.00%	0.00%	0.00%	0.00%	0.00%	0.00%	0.54%	4.18%	0.00%
上海强生控股股份有限公司	0.00%	0.00%	0.00%	0.00%	0.00%	0.00%	0.21%	0.01%	0.00%	0.00%	0.00%	0.76%	4.82%	0.04%
上海申通地铁股份有限公司	0.00%	0.00%	0.00%	0.00%	0.00%	0.00%	0.00%	0.00%	0.00%	0.00%	0.00%	0.89%	3.63%	0.00%

续 表

地方融资平台名称	2012 Q3	2012 Q4	2013 Q1	2013 Q2	2013 Q3	2013 Q4	2014 Q1	2014 Q2	2014 Q3	2014 Q4	2015 Q1	2015 Q2	2015 Q3	2015 Q4
上海申通地铁集团有限公司	0.00%	0.00%	0.00%	0.00%	0.60%	0.00%	0.00%	0.00%	0.00%	0.00%	0.00%	0.22%	1.32%	0.00%
上海时代航运有限公司	0.00%	0.00%	0.00%	0.00%	3.36%	0.17%	0.02%	0.00%	0.00%	0.05%	0.02%	0.85%	3.66%	0.00%
上海世博土地控股有限公司	0.00%	0.00%	0.00%	0.00%	1.73%	0.02%	0.00%	0.00%	0.00%	0.18%	0.01%	0.75%	7.17%	0.01%
上海市北高新(集团)有限公司	0.00%	0.07%	0.10%	0.01%	4.90%	0.23%	0.00%	0.01%	0.00%	0.76%	0.08%	1.90%	11.07%	0.09%
上海市申江两岸开发建设投资(集团)有限公司	0.00%	0.00%	0.00%	0.00%	0.03%	0.00%	0.00%	0.00%	0.00%	0.02%	0.01%	0.42%	3.31%	0.04%
上海市莘庄工业区经济技术发展有限公司	0.00%	0.00%	0.00%	0.00%	1.53%	0.01%	0.00%	0.00%	0.00%	0.13%	0.01%	0.50%	5.99%	0.01%
上海水务资产经营发展有限公司	0.00%	0.00%	0.00%	0.00%	0.14%	0.00%	0.00%	0.00%	0.00%	0.01%	0.00%	0.36%	3.49%	0.00%
上海松江城镇建设投资开发有限公司	0.00%	0.00%	0.00%	0.00%	0.00%	0.00%	0.00%	0.84%	0.00%	0.00%	0.00%	0.05%	1.79%	0.00%
上海隧道工程股份有限公司	1.75%	1.66%	0.04%	0.00%	1.08%	0.07%	0.88%	62.84%	0.89%	0.24%	0.02%	1.23%	7.55%	0.00%
上海同盛投资(集团)有限公司	0.00%	0.00%	0.00%	0.00%	0.01%	0.00%	0.00%	0.00%	0.00%	0.00%	0.00%	0.24%	2.49%	0.01%
上海杨浦城市建设投资(集团)有限公司	0.33%	0.01%	0.40%	0.00%	7.53%	1.91%	0.30%	20.02%	0.00%	0.01%	0.00%	0.79%	5.73%	0.00%
上海张江(集团)有限公司	0.00%	0.15%	0.12%	0.01%	4.50%	0.24%	0.00%	0.01%	0.00%	1.21%	0.07%	2.07%	11.60%	0.18%
上海张江高科技园区开发股份有限公司	0.00%	0.00%	0.00%	0.00%	0.18%	0.00%	0.00%	0.00%	0.00%	0.04%	0.01%	0.48%	3.26%	0.04%
违约概率平均值	0.50%	0.11%	1.04%	0.01%	1.51%	0.12%	0.18%	3.58%	0.04%	0.18%	0.06%	0.75%	5.27%	0.02%

3B　MATLAB程序

(1) 主程序代码

```
clear;
clc;
in = xlsread('输入.xlsx', 'A2:G533');
n = size(in, 1);
out(1, :) = {'', 'Va', 'ThetaAsset'};
for ii = 1:n
    D = in(ii, 1);
    Et = in(ii, 2);
    r = in(ii, 3);
    ThetaEquity = in(ii, 4);
    Tt = in(ii, 5);
    [Va,ThetaAsset] = KMVOptSearch(Et, D, r, Tt, ThetaEquity)
    out(ii + 1, :) = {ii, Va, ThetaAsset};
end
xlswrite('输出.xlsx', out);
```

(2) 函数代码

```
function [Va,ThetaAsset] = KMVOptSearch(Et, D, r, Tt, ThetaEquity)
EtoD = Et/D;
x0 = [1, 1];
[VaThetax] = fsolve(@(x)KMVfun(EtoD, r, Tt, ThetaEquity, x), x0);
Va = VaThetax(1) * Et;
ThetaAsset = VaThetax(2);
end
function F = KMVfun(EtoD, r, Tt, ThetaEquity, x)
d1 = (log(x(1) * EtoD) + (r + 0.5 * x(2)^2 * Tt))/(x(2) * sqrt(Tt));
d2 = d1-x(2) * sqrt(Tt);
F = [x(1) * normcdf(d1)-exp(-r * Tt) * normcdf(d2)/EtoD-1;
   normcdf(d1) * x(1) * x(2)-ThetaEquity];
end
```